BF KARLSRUHE
112

Verlag Podszun-Motorbücher GmbH
Elisabethstraße 23-25, D-59929 Brilon
Herstellung Druckhaus Cramer, Greven
ISBN 3-86133-264-7

Titelfotos: Manfred Gihl (oben links), Thomas Hörl (oben rechts), Manfred Gihl (unten),
Rückseite: Thorsten Waldmann, Seite 1 und Seite 144: Manfred Gihl

Jahrbuch 2002 Feuerwehr Fahrzeuge

PODSZUN

Liebe Leserin, lieber Leser!

Vor Ihnen liegt die siebente Ausgabe des Jahrbuchs Feuerwehrfahrzeuge. Wir freuen uns sehr, Ihnen wieder eine bunte Mischung unterschiedlicher Themen rund um das Hobby Feuerwehrfahrzeuge anbieten zu können. Wir werden mitunter kritisch gefragt, warum wir das Buch „Jahrbuch" nennen, obwohl es in den Beiträgen nicht ausschließlich um Fahrzeuge geht, die in dem entsprechenden Jahr angeschafft wurden. Die Antwort: „Jahrbuch" heißt lediglich, dass das Buch jährlich neu erscheint. Wir entscheiden uns für Artikel, die wir für interessant erachten und legen dabei auch Wert auf die Aufbereitung historischer Themen. Für besonders hartnäckige Kritiker hier die Definiton des Begriffs „Jahrbuch" aus Brockhaus Deutsches Wörterbuch: „...jährlich herausgegebenes Buch mit Aufsätzen, Forschungsberichten, Bibliographien usw. über ein Wissensgebiet".

Dank gilt an dieser Stelle allen Autoren und Bildgebern, die in den letzten Wochen und Monaten mit Engagement und Tempo gearbeitet haben, damit dieses Jahrbuch rechtzeitig zur Frankfurter Buchmesse 2001 erscheinen kann. Ein technischer Hinweis: Namentlich gekennzeichnet sind lediglich Abbildungen, die nicht von den jeweiligen Verfassern der Artikel stammen.

Ihnen, liebe Leserin, lieber Leser, wünschen wir viel Vergnügen mit dem Jahrbuch und nicht vergessen: das nächste Jahrbuch Feuerwehrfahrzeuge, die Ausgabe 2003, ist im Oktober 2002 erhältlich. Falls Sie selbst einmal für das Jahrbuch zur Feder greifen möchten, seltenes Bildmaterial zur Verfügung stellen können, Kritik oder Anregungen anbringen möchten, schreiben Sie uns bitte an die unten stehende Adresse. Wir freuen uns auf den Kontakt mit Ihnen.

Ihr Redaktionsteam „Jahrbuch Feuerwehrfahrzeuge"

P.S.

Sie können das Jahrbuch Feuerwehrfahrzeuge in Buchhandlungen oder direkt beim Verlag auch abonnieren. Fordern Sie unser kostenloses Gesamtverzeichnis mit Büchern über Baumaschinen, Lastwagen, Autos, Motorräder, Traktoren und Feuerwehrfahrzeuge an: Verlag Podszun-Motorbücher, Elisabethstraße 23-25, D-59929 Brilon, Telefon 02961 / 53213, Fax 02961 / 2508, Email: verlag.podszun@t-online.de

Neuheiten in Deutschland

von Manfred Gihl

Auch in diesem Jahrbuch erstreckt sich die Auswahl der Neufahrzeuge vom Kleinsten (Fiat Punto) bis zum Größten (dem Sonderlöschfahrzeug einer Werkfeuerwehr).

Viele der von Feuerwehren bestellten und während der Interschutz 2000 in Augsburg vorgestellten Fahrzeuge gingen anschließend ins Werk zurück, um den letzten Feinschliff zu erhalten. Danach wurden sie bis Ende des Jahres, teilweise auch erst Anfang 2001, ausgeliefert. Das ist als normaler Vorgang zu betrachten, ist es doch verständlich, dass die Hersteller ihre Neuentwicklungen auf der nur alle acht Jahre stattfindenden Feuerwehrmesse vorführen wollen. Der erste, mit großer Spannung erwartete "Octopus" von Magirus, für den bisher vier Bestellungen vorliegen (FF Hanau, BF Duisburg, dazu ein Rüstwagen für die FF Reutlingen) wird allerdings erst nach Redaktionsschluss des Jahrbuches ausgeliefert sein, so dass Fotos erst im nächsten Jahr folgen werden.

Zahlreiche bemerkenswerte Hilfeleistungslöschfahrzeuge (HLF) bzw. LF 24 sind im Berichtszeitraum in Dienst gestellt worden, so in Karlsruhe, Göttingen und Darmstadt. Und erstmals wurden bei zwei deutschen Berufsfeuerwehren Löschfahrzeuge in Dienst genommen, die komplett in Großbritannien hergestellt worden sind, nämlich in Frankfurt a.M. und in Erfurt. Es handelt sich um den Dennis "Rapier" auf einem speziellen Feuerwehrfahrgestell mit Straßenantrieb. Der Aufbau ist von John Dennis Coachbuilders vollständig aus Aluminium gefertigt. Das Frankfurter Hilfeleistungslöschfahrzeug (HLF 30/15) war bereits während der Interschutz zu bewundern. Das Erfurter HLF 30/15 ist im Juli 2000 im Leasingverfahren erworben worden – auch das stellt bei einem Großfahrzeug eine Novität im kommunalen Sektor

Der neue ELW 1 der FF Ulm, ein Mercedes-Benz CDI 220 T, ist im Ulmer Farbschema gehalten. Indienststellung: 2000.

Dieser Toyota Landcruiser mit 2,9-Liter-Dieselmotor (Leistung 92 kW) und Automatikgetriebe ging 2000 bei der BF Kiel als ELW 1 in Dienst.

dar. Die Kabinen des Frankfurter und des Erfurter Löschfahrzeugs sind unterschiedlich: das Erfurter HLF besitzt eine kürzere Mannschaftskabine.

Die BF Karlsruhe beschaffte 2000 zwei Hilfeleistungslöschfahrzeuge auf luftgefederten Scania-Fahrgestellen. Bisher gab es bei kommunalen Feuerwehren in Deutschland lediglich zwei Löschfahrzeuge, die auf Scania basieren (FF Haan, FF Weverlingen), während es ein halbes Dutzend Wechselladerfahrzeuge gibt. Außerdem besitzt die FF Herrenalb seit 1997 eine DLK 23-12 von Magirus und die FF Elzach seit 1998 eine gebrauchte Drehleiter DL 30 auf Scania-Chassis.

Die technische Entwicklung der Drehleitern führte auch weiterhin zu bemerkenswerten Neuerungen. Metz bietet seit 2000 seine DLK 23-12 mit dem Target Control System (TCS – automatisches Anleitern an vorgegebenes Ziel) und Metz-Online Support (MOS – Ferndiagnose) an. Die erste Metz-Drehleiter TCS/MOS in Deutschland ging noch 2000 zur FF Lehre in Niedersachsen, die zweite zur FF Bad Vilbel (Hessen). Magirus liefert demnächst seine Drehleitern auf Wunsch in CS-Ausführung (computer stabilized) aus, die gedämpfte Leiterbewegungen garantieren soll. Im übrigen entschieden sich immer mehr Feuerwehren bei der Wahl ihrer Magirus-Drehleiter für die Gelenk-DL, die Niedrigbauart und die Hinterachszusatzlenkung oder Kombinationen davon.

Die BF Frankfurt nahm in diesem Jahr fünf DLK 23-12 von Magirus in Betrieb, die auf dreiachsigen Mercedes-Benz-Atego-Fahrgestellen aufgebaut sind, deren Hinterachse lenkbar ist. Der Prototyp war 1995 beschafft worden.

Zwei neue Kastenwagen-Fabrikate führen sich allmählich bei den Feuerwehren ein: der neue Ford Transit und der Opel Movano.

Bei den Rettungswagen ist der Trend zu separaten Kofferaufbauten anstelle des serienmäßigen Kastenwagens unverkennbar. Die meisten Berufsfeuerwehren stellen vom Notarztwagen-System auf Notarzt-Einsatzfahrzeuge (NEF) um, deren Motorleistungen stark im Ansteigen begriffen sind.

Ein VW Passat Variant mit 110-kW-Ottomotor dient seit 2000 der BF Wolfsburg als ELW 1.

Die FF Büsum (Schleswig-Holstein) beschaffte 2000 diesen ELW 1 auf Basis des Ford Transit (Dieselmotor 88 kW) mit Ausbau durch Firma Pütting in Rees. Es ist der erste Ford der neuen Generation in Norddeutschland.

Die FF Falkensee (Brandenburg) beschaffte 2000 diesen ELW 1 auf Mercedes-Benz Sprinter 312 D mit Allradantrieb und Ausbau durch Magirus/BTG.

Vom Land Schleswig-Holstein werden FüKW-GEO (Gemeinsame Leitung Ort) für die Kreise beschafft. Dieser FüKW-GEO auf der Basis des Mercedes-Benz Sprinter 413 CDI mit Ausbau von Ziegler ging 2000 an den Kreis Plön.

Der Amtsleiter der BF Göttingen erhielt im Frühjahr 2001 diesen ELW 1 Audi A 4 1,9 TD.

Die BF Hamburg beschaffte 2000 fünf ELW 1 auf Basis des VW T4 mit 75-kW-Dieselmotor. Dieser ELW, der als einziger 4x4-Antrieb besitzt, ist dem Organisatorischen Leiter Rettungsdienst zugewiesen.

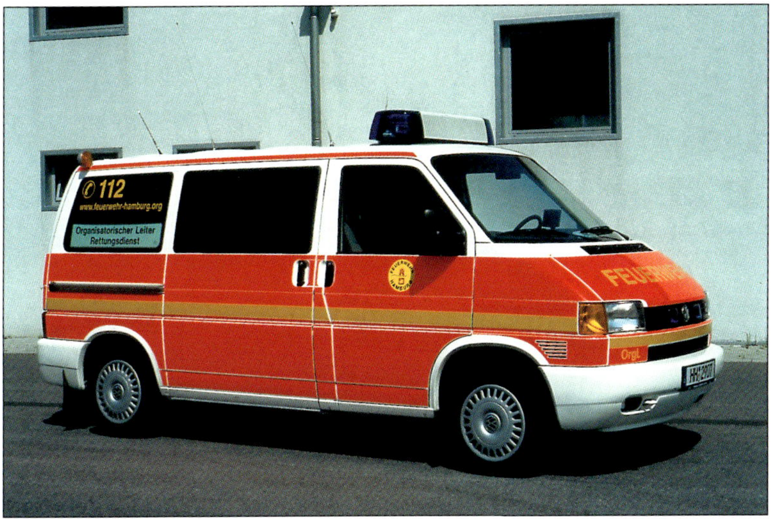

Als Dienstfahrzeuge für die Mitarbeiter im Vorbeugenden Brandschutz nutzt die BF Mannheim seit 2001 drei Fiat Punto mit 59-kW-Dieselmotor. Ein Aufsteckblaulicht von Hänsch weist die Fahrzeuge notfalls als Einsatzfahrzeuge aus.

ELW 1 der BF Hannover auf VW-T4-Basis, Baujahr 2000. Durch verschiedene Wechseleinschübe ist das Fahrzeug außer als Zugführungsfahrzeug auch für Sonderaufgaben einsetzbar.

Rechtzeitig zur Eröffnung der EXPO konnte die BF Hannover im Jahre 2000 diesen ELW 2 in Betrieb nehmen. Die Firma Binz/Ilmenau baute ihn auf dem Mercedes-Benz Atego 917 F auf.

Bei der FF Neckarsulm (Baden-Württemberg) ist der ELW 2 des Landkreis Heilbronn stationiert: ein Mercedes-Benz Atego 815 mit Rosenbauer-Aufbau. Baujahr 2000.

Gerade noch rechtzeitig zum Fahrzeugkorso der Berliner Feuerwehr am 16. Juni 2001 anläßlich ihrer 150-Jahr-Feier fertig geworden: Der neue ELW 3. Basis ist ein Neoplan Euroliner 314 Ü. Umbauten: EMW Dabendorf.

Bereits im Juni 2000 bei der Interschutz vorgestellt, aber erst am 1. Dezember in Dienst gestellt: Der neue ELW 3 der Feuerwehr Hamburg. Den Überlandbus MAN ÜL 313 baute die Firma Göppel um, die Firmen Baumeister & Trabandt und SEL richteten ihn ein.

Als VGW bezeichnet die FF Neuruppin (Brandenburg) dieses Sonderfahrzeug auf der Basis des Renault Master 2,8 dTi (Dieselmotor 84 kW), das von ABREX 2000 u.a. mit einer Hochdrucklöschanlage HDL 250 von Minimax ausgerüstet wurde.

Das TLF-W der FF Bendfeld (Schleswig-Holstein) ist von Magirus (BTG) auf dem Iveco Daily 50 C 11 aufgebaut. Der Blaulicht-Balken stammt von Techno Design. Baujahr 2001.

Die FF Hannover-Ricklingen erhielt 2000 von Metz dieses LF 8/6, dessen Aufbau in AS-Technik erstellt ist. Fahrgestell: Mercedes-Benz Atego 815 F.

Das neue LF 8/6 für die Ortsfeuerwehr Trelde der FF Buchholz (Niedersachsen) lieferte Schlingmann Anfang 2001 ab. Fahrgestell: Mercedes-Benz Atego 815 F. Man beachte die Alu-Felgen!

Die FF Bothkamp (Schleswig-Holstein) stellte Ende 2000 ein LF 8/6 auf dem Mercedes-Benz-Fahrgestell Atego 917 AF in Dienst. Da es in ihrem Ausrückebereich nur wenige befestigte Straßen gibt, entschied sich die Wehr für Single-Bereifung. Aufbauhersteller ist die Firma Schlingmann.

Die FF Waldenbuch (Baden-Württemberg) besitzt das erste LF 16/12, das von Metz auf Mercedes-Benz-Fahrgestell Atego 1328 AF in AS-Ausführung geliefert wurde. Indienststellung 2000.

Ein Metz-Vorführfahrzeug LF 16/12 erwarb die FF Tellingstedt (Schleswig-Holstein) im Jahre 2000. Es ist das erste LF 16/12 auf dem Mercedes-Benz-Fahrgestell Atego 1225 AF mit AS-Aufbau in diesem Bundesland. Besonderheit: CAFS-Anlage 3000 von Rosenbauer. Auf dem Foto fehlen noch die tragbaren Leitern auf dem Dach, die Beschriftung auf den Rolläden lässt noch das ehemalige Vorführfahrzeug erkennen.

Die FF Schenefeld (Schleswig-Holstein) erhielt im Jahr 2001 dieses LF 16/12 von Schlingmann. Fahrgestell: Mercedes-Benz Atego 1325 AF. Mitgeführt wird eine umfangreiche Ausrüstung für technische Hilfeleistungen.

Die FF Reutlingen nahm 2001 ein LF 16/12 in Dienst, das über die Norm hinaus mit einer CAFS-Anlage von Hale ausgestattet ist. Löschmittel: 150 Liter AFFF und 50 Liter Class A-Foam. Fahrgestell: MAN 14.284 MA-LF, Aufbau: Magirus (AluFire).

Das HLF der BF Erfurt ist von Dennis Coachbuilder auf Dennis "Rapier"-Fahrgestell aufgebaut. Feuerlöschpumpe FP 30/10 mit Hochdruckteil 3/40 von Godiva, 1500 Liter Wasser, 100 Liter Schaummittel. Baujahr 2000.

Die BF Karlsruhe entschloß sich 2000 zur Beschaffung von zwei HLF 2000 auf dem voll luftgefederten Scania-Fahrgestell P 94 D 310 DB (4x2) mit Crew Cab 1/6. Motorleistung 228 kW, Allison-Automatikgetriebe, Scheibenbremsen. Der Aufbau besteht aus GFK und wurde von Rosenbauer geliefert. Löschtechnische Einrichtungen: Feuerlöschpumpe N 30, 2000 Liter Wasser. Es ist das erste Mal, dass eine deutsche BF ein Scania-Fahrgestell zum Bau eines Löschfahrzeuges verwendete.

Bei der BF Mannheim ging dieses HLF 24 auf Mercedes-Benz Actros 1831 mit Rosenbauer-Aufbau 2000 in Dienst. Löschtechnische Ausstattung: Feuerlöschpumpe NH 30, 2000 Liter Wasser, 200 Liter Schaummittel. Technische Einrichtungen: Generator 20 kVA, HPC-Winde 50 kN, Lima 2x1000 W. Strukturlack.

Die WF Röhm in Worms erhielt 2000 dieses PTLF von Brändle. Das Fahrgestell ist ein Mercedes-Benz Atego 1528. Löschtechnische Ausstattung: Feuerlöschpumpe FP 53/10 von Godiva, 2000 Liter Wasser, 500 Liter Schaummittel, Pulverlöschanlage 500 kg von Total.

Schon bei der Interschutz 2000 in Augsburg gezeigt: das HLF 24/20/2 der BF Göttingen, gebaut von Ziegler auf dem Mercedes-Benz-Fahrgestell Econic 1828 L. Löscheinrichtungen: FP 24/8, 2000 Liter Wasser, 200 Liter Schaummittel.

Die BF Darmstadt stellte 2001 vier HLF 24/20 in Dienst. Fahrgestell: MAN 19.414 FC. Die Aufbauten stellte Magirus in AluFire-Technik her. Löscheinrichtungen: FP 24/8, 2000 Liter Wasser, 200 Liter AFFF. Stromerzeuger 12,5 kVA, Lichtmast 2x1000 W. Zwei der HLF verfügen über Seilwinden 50 kN von Pomp. In Darmstadt sind traditionell alle Fahrzeuge in Rubinrot lackiert.

Die Berliner Feuerwehr setzt die Beschaffungen von "City"-Lösch-Hilfeleistungsfahrzeugen planmäßg fort. Dieses LHF 16/12 auf dem MAN-Fahrgestell 10.224 LC mit Ziegler-Aufbau wurde 2000 an der Fw. Charlottenburg-Nord in Dienst genommen. Berlin setzt seit einiger Zeit allgemein auf die preiswerte Folienbeklebung.

In Anlehnung an die Berliner City-LHF beschaffte die FF Neu-Isenburg (Hessen) 2000 dieses City-LF 16/16 auf dem Fahrgestell MAN 10.224 LC, jedoch mit AluFire-Aufbau von Magirus. Eine CAFS-Anlage ist zusätzlich eingebaut. Folienbeklebung.

Für die FF Düsseldorf wurden 2000 zwei TLF 16/24-Tr von Ziegler beschafft. Fahrgestell Mercedes-Benz Atego 917 AF. Folienausstattung. Dieses TLF ist bei der FF Angermund stationiert.

Die FF Hollenstedt (Niedersachsen) nahm 2001 dieses TLF 16/25 mit Schlingmann-Aufbau in Dienst. Fahrgestell: Mercedes-Benz Atego 1225 AF.

Die BF Osnabrück erhielt 2001 dieses HTLF 16/24 von Schlingmann. Die FP 16/8 mit Hochdruckteil "S 2000" stammt aus eigener Produktion. Fahrgestell: Mercedes-Benz Atego 1528.

TLF 24/50 der BF Koblenz auf Mercedes-Benz Atego 1828, ein Vorführfahrzeug von Schlingmann von 1999.

TLF 24/50 der BF Darmstadt auf MAN 19.414 LAC mit Aufbau von Magirus. Zusätzlich ist eine Pulverlöschanlage PLA 250 von Minimax eingebaut. Baujahr 2001.

Die WF ZF-Lenkungssysteme in Schwäbisch Gmünd (Baden-Württemberg) beschaffte 2001 dieses TroTLF 24/55/3-500 von Magirus. Das dreiachsige Fahrgestell Iveco Magirus 260 E 35 W (6x6) ist bei Feuerwehren sehr selten. Löscheinrichtungen: FP 24/8, Zumischeinrichtung Varimix, 5500 Liter Wasser, 200 Liter AFFF, 100 Liter Class A-Foam, Pulverlöschanlage PLA 500 von Total, Wasserwerfer aufsteckbar. Leiterauflage elektrisch absenkbar, 2 Barth-Einmann-Haspeln hydraulisch absenkbar.

Im Rahmen der Ausstattung öffentlicher Feuerwehren, in derem Bereich sich Eisenbahntunnel befinden, erhielt auch die BF Heidelberg 2000 ein HLF 24/16-Schiene von der Deutschen Bahn AG. Fahrgestell: Iveco Magirus 190 E 30, Aufbau: Magirus. Die BF Heidelberg besitzt die Zuständigkeit für den 2,5 Kilometer langen Königstuhltunnel.

Die FF Altenstadt (Bayern) erhielt 2000 eine Magirus-DLK 18-12 CC auf MAN 12.224 LC.

Eine von fünf neuen Frankfurter DLK 23-12, von Magirus im Laufe von 2001 geliefert. Wie schon der Prototyp von 1995 sind sie auf dreiachsigen Mercedes-Benz-Fahrgestellen, diesmal vom Typ Atego 1228 L mit lenkbarer Hinterachse, aufgebaut.

Die FF Neustrelitz (Mecklenburg-Vorpommern) bestellte 2000 bei Metz eine DLK 23-12 mit fünfteiligem Leitersatz, um die Baulänge zu verkürzen. Das Dach ist zusätzlich eingezogen. Es ist die erste Metz-Drehleiter dieser Art auf dem Fahrgestell Mercedes-Benz Atego 1528 F.

Die neue DLK 23-12 der BF Wolfsburg von 2000 ist von Metz auf dem voll luftgefederten MAN-Fahrgestell 14.284 LLLC aufgebaut. Die Kabine ist tiefer gesetzt.

Die neue DLK 23-12 der BF Osnabrück ist die erste Metz-Drehleiter auf dem Fahrgestell Mercedes-Benz Atego 1828 F mit Nachlauflenkachse (von Jung). Baujahr 2000. Die Drehleiter präsentiert sich im üblichen Osnabrücker Farbschema.

Metz-DLK 23-12 der FF Uetersen (Schleswig-Holstein). Fahrgestell: Mercedes-Benz Atego 1528 F. Baujahr 2000.

Die FF Lehre (Niedersachsen) erhielt als erste deutsche Feuerwehr 2000 eine Metz-DLK 23-12 mit TCS und MOS. Fahrgestell: MAN 15.284 LC.

Magirus-DLK 23-12 CC Vario nB HZL der BF Solingen. Fahrgestell: Iveco Magirus ML 150 E 27, Baujahr 2001.

Magirus-DLK 23-12 CC Vario GL nB HZL der BF Mainz. Fahrgestell: Iveco Magirus ML 150 E 27, Baujahr 2001. Folienbeklebung.

GW-Tier der BF Hannover. Fahrgestell: Mercedes-Benz Sprinter 210 D. Folienausstattung. Baujahr 1999.

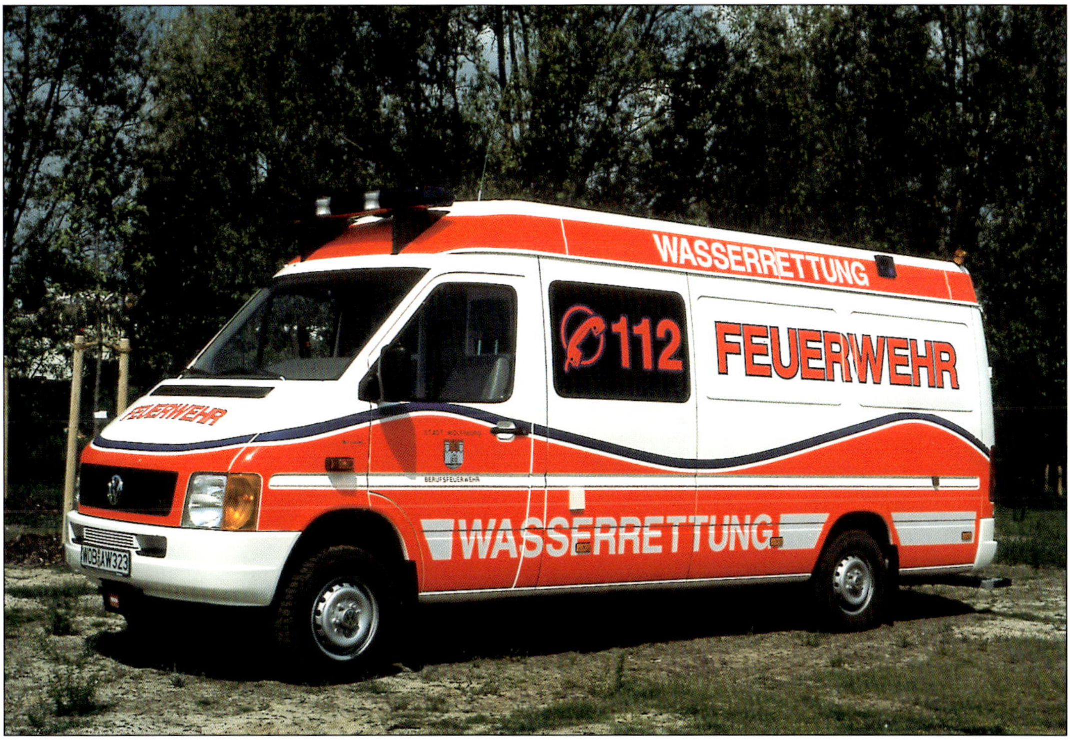

GW-Wasser der BF Wolfsburg. Fahrgestell: VW LT 39 mit Allradantrieb und langem Radstand. Ausbau: Sortimo. Elektrische Seilwinde vorn. Baujahr 2000.

GW-Meß der Berliner Feuerwehr. Fahrgestell: Mercedes-Benz Sprinter 310 DA (4x4). Baujahr 2000.

GW-Spezialrettung der BF Stuttgart. Fahrgestell: Mercedes-Benz Sprinter 412 DA (4x4). Baujahr 2001.

Der RW 1 der BF Erfurt wurde 2000 in Dienst gestellt. Fahrgestell: Mercedes-Benz 917 AF, Aufbau: Ziegler.

RW 1 des Landkreises Harburg, stationiert bei der FF Marschacht (Niedersachsen). Fahrgestell: Mercedes-Benz Atego 917 AF, Aufbau: Ziegler. In Dienst gestellt im Mai 2001, noch ohne Beschriftung.

RW 2 der FF Gettorf (Schleswig-Holstein), geliefert 1999. Fahrgestell: MAN 14.224 MA-LF. Der GFK-Aufbau stammt von Metz.

Der RW 2-G der FF Jesteburg (Niedersachsen) enthält zusätzlich eine Gefahrgut-Beladung ähnlich einem GW-G1. Fahrgestell: Mercedes-Benz Atego 1225 AF, Aufbau: Schlingmann. Baujahr 2001.

Ziegler baute 2001 diesen GW-Öl für die BF Düsseldorf. Fahrgestell: Mercedes-Benz Atego 1023 F. Behrens-Ladebordwand am Heck, 1000 kg Traglast.

Die BF Hamburg nahm 2000 ein weiteres Wechselladerfahrzeug in Dienst. Das Trägerfahrgestell ist ein MAN 18.284 LAC mit Meiller-Wechseleinrichtung. Neu ist auch der AB-Kampfmittel-Entschärfung

Die BF Heilbronn beschaffte 2000 dieses Wechselladerfahrzeug auf dem Trägerfahrgestell Mercedes-Benz 2031 K (6x4) mit Meiller-Wechseleinrichtung. Aufgesattelt ist hier der AB-Gefahrgut. Kesselinhalt 12000 Liter, Vakuumanlage.

Die FF Neckarsulm besitzt seit 2001 ihr erstes Wechselladerfahrzeug, ein Mercedes-Benz Actros 1835 mit langem Radstand (5100 mm) mit Meiller-Wechseleinrichtung. Aufgesattelt ist der AB-Boot mit einem Kleinboot der Bodanwerft, gebaut 1981.

Die BF Kiel hat 2001 einen GW-Nachschub in Dienst gestellt. Fahrgestell: MAN 8.174, Hubfix-Ladebordwand am Heck, 1500 kg Traglast.

Aus einem Erprobungs-RTW Mercedes-Benz Sprinter 312 D des Baujahrs 1997 ließ die Berliner Feuerwehr 2001 dieses "Infomobil" für die Brandschutzerziehung und –aufklärung umbauen.

Dieses MZF auf Citroen Jumper 1,9 TD steht seit 2000 im Dienst der FF Adelebsen (Hessen). Es wird auch als ELW eingesetzt.

Das 2000 beschaffte MTF der FF Hoisbüttel (Schleswig-Holstein) ist ein Opel Movano mit 84-kW-Dieselmotor.

Ein Renault Master 2,8 dTi (Dieselmotor 84 kW) ist das neue Mannschaftstransportfahrzeug der FF Neuruppin (Brandenburg), Baujahr 2000.

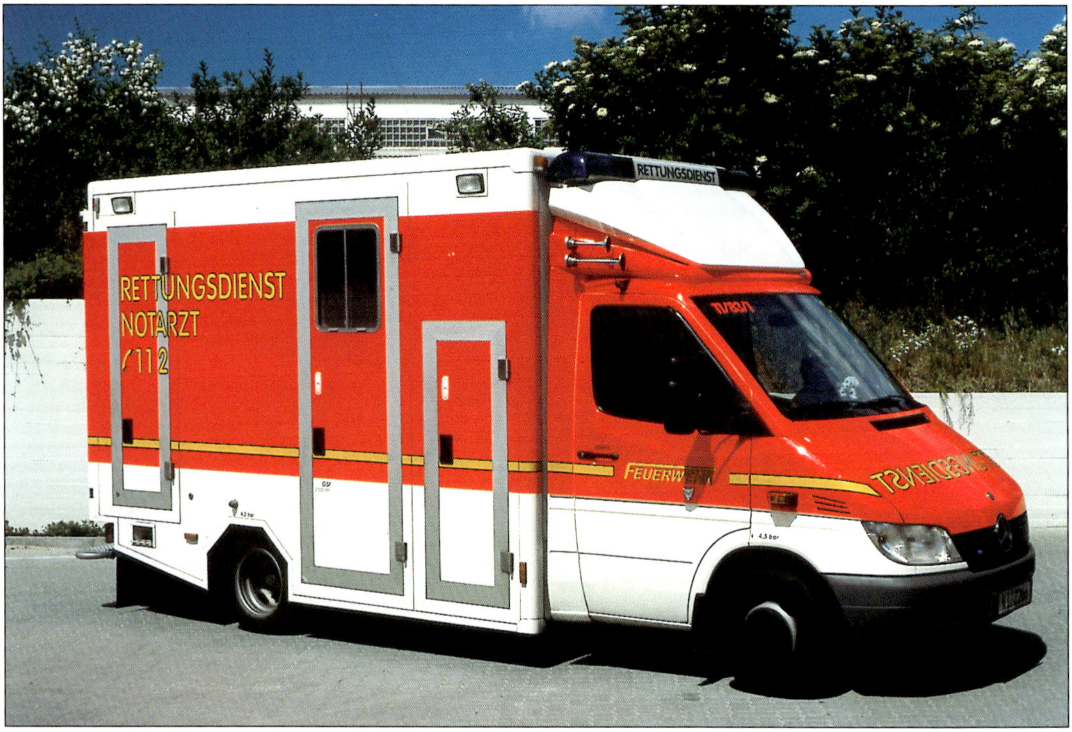

Der erste RTW der BF Kiel, der nach dem Lastenheft der Projektgruppe Standardisierung der Rettungsmittel in Schleswig-Holstein gebaut wurde. Fahrgestell: Mercedes-Benz Sprinter 413 CDI, Aufbau: Gesellschaft für Sonderfahrzeugbau (GSF). Baujahr 2001.

Einer von 34 RTW, die die BF Hamburg 2000 bei Fahrtec Mobile GmbH in Auftrag gab und die im Laufe von 2001 ausgeliefert würden. Fahrgestell: Mercedes-Benz Sprinter 413 CDI.

Der Baby-Notarztwagen der BF Wolfsburg ist auf einem VW T4 (Turbo-Dieselmotor 75 kW) von Ambulanz Mobile Schönebeck aufgebaut worden und seit 2000 im Dienst.

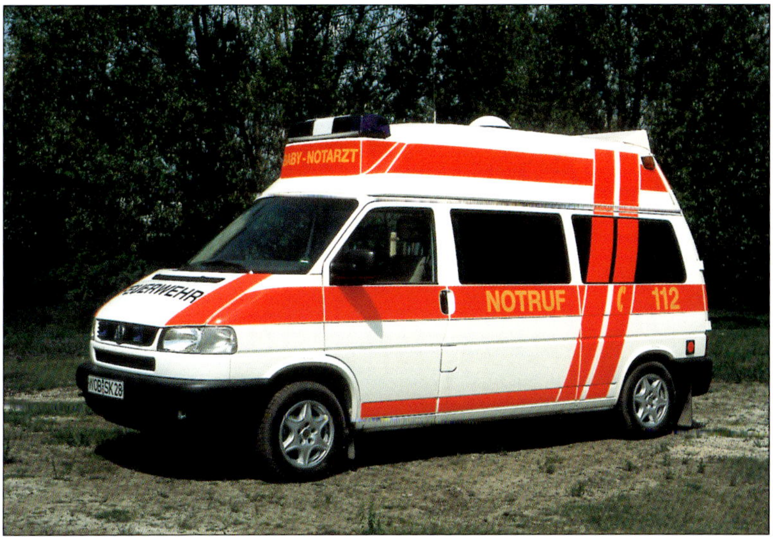

Dieser Notarztwagen wurde 2000 von der Berliner Feuerwehr in Dienst gestellt. Es ist der zweite NAW mit Koffer (Ausbau: WAS) seit 1996. Das MAN-Fahrgestell, Typ 8.164, besitzt eine luftgefederte Hinterachse. Der Koffer läßt sich mit Hilfe von vier Hydraulikstempeln bei Bedarf ohne großen Aufwand absetzen. Folienbeklebung.

Ein spurtstarkes Notarzt-Einsatzfahrzeug (Motorleistung 150 kW) legte sich die BF Erfurt 2000 auf der Basis des Mercedes-Benz E 280 zu. Binz-Ausstattung.

Ein Notarzt-Einsatzfahrzeug mit Allradantrieb versieht seit Mitte 2001 seinen Dienst bei BF Wuppertal: ein Audi A 6 Avant 2,5 TDI quattro. Die Innenausstattung stammt von WAS.

Die BF Hamburg beschaffte 2000 acht Notarzt-Einsatzfahrzeuge auf der Basis des VW T4 mit 75-kW-Dieselmotor. Der Ausbau erfolgte durch Binz. Folienbeklebung.

Eines der beiden Notarzt-Einsatzfahrzeuge der BF Stuttgart auf der Basis des Mercedes-Benz ML 320. Innenausstattung: Schröder medicar, Baujahr 2000.

Neuheiten in Europa

von Wolfgang Rotter und Jochen Thorns

Auch in den beiden vergangenen Jahren haben die Feuerwehren in Europa wieder zahlreiche Fahrzeuge nach den länderspezifischen Bauvorschriften oder als Sonderfahrzeug angeschafft. Wir stellen daher auch diesmal wieder eine kleine, aber feine Auswahl "quer durch den Kontinent" vor.

Auffällig ist, dass sich die Einsatzfahrzeuge in Europa äußerlich immer mehr angleichen: Ein Vorgriff auf die europäische Normung? Derzeit ist dies wohl aber eher durch die Verkaufspolitik der Aufbauhersteller bedingt: Die Aufbauten aus Aluminium bzw. Aluminium-Werkstoff-Kombinationen werden in relativ großen Serien produziert und finden so Eingang in den Fahrzeugpark der Feuerwehren vieler Staaten. Die Hersteller-Zusammenschlüsse und eine Zusammenarbeit in der Produktion in den vergangenen Jahren tragen ein Übriges dazu bei. Dennoch ist die feuerwehrtechnische Ausrüstung oftmals ganz anders als in Deutschland. Die teilweise für Feuerwehrfahrzeuge ungewöhnliche Lackierung und Beschriftung wirken auf den Betrachter dabei oft fremd – ein Grund mehr, die Fahrzeuge im Bild vorzustellen.

Besonderer Dank für die Unterstützung gilt Henri de Beul (Belgien), Rune Fotland (Norwegen), Thomas Hörl (Österreich) und Thorsten Niedermann (Deutschland).

An der Feuerwache Røldal stationierte die Feuerwehr der norwegischen Stadt Odda ein neues HTLF. Der norwegische Hersteller Braco AS baute das Fahrzeug auf einem Mercedes-Benz Atego 1528-Fahrgestell auf. Der Löschmittelvorrat beträgt 3000 l Wasser und 50 l Schaummittel. Bei der heckseitig eingebauten Feuerlöschkreiselpumpe handelt es sich um eine Ziegler FP 16/8. Zur weiteren Ausstattung des Fahrzeugs gehören ein 6-kVA-Stromerzeuger, ein pneumatisch betriebener Lichtmast und ein Satz hydraulischer Rettungsgeräte.

Foto: Rune Fotland

Rosenbauer Norwegen lieferte das Tanklöschfahrzeug der Feuerwehr Farsund. Als Fahrgestell kam ein Mercedes-Benz Atego 1328 zur Anwendung. An Löschmitteln werden 2700 l Wasser und 100 l Schaummittel mitgeführt, die über eine kombinierte ND/HD-Pumpe des Typs Rosenbauer NH 30 abgegeben werden. Auch dieses Fahrzeug ist mit einem 6-kVA-Stromerzeuger und einem Lichtmast ausgestattet.

Foto: Rune Fotland

Die Ausrüstung für vier Taucher wird auf dem neuen Taucher-Einsatzfahrzeug der Feuerwehr Stavanger mitgeführt. Als Fahrgestell wählte die Feuerwehr Stavanger einen Mercedes-Benz Sprinter 416 CDI.

Foto: Rune Fotland

Einen GW-Umwelt auf einem Mercedes-Benz Atego 1528 stellte die Feuerwehr im dänischen Aalborg in Dienst. Das Fahrzeug ist für eine vierköpfige Besatzung vorgesehen und wird als selbstständige taktische Einheit eingesetzt.
Foto: Thorsten Niedermann

Fast zwei Jahre dauerte der in Eigenarbeit durchgeführte Umbau eines Scania P 92 H-Fahrgestells zu einem Tanklöschfahrzeug. Stationiert ist dieses Fahrzeug am Zivilschutzcenter im dänischen Saeby. Der Wasservorrat des mit einer Staffelkabine ausgestatteten Fahrzeugs beträgt 11000 Liter.
Foto: Thorsten Niedermann

An die Feuerwehr im belgischen Beveren lieferte Kenbri (Holland) ein Vorausfahrzeug. Als Basis dient ein Ford-Fahrgestell des Typs 550 XLT Super-Duty, das von Emergency-One aufgebaut wurde. Die Fördermenge der eingebauten Waterous-Pumpe beträgt 2830 l/min. An Löschmitteln werden 1135 l Wasser und 75 l Schaummittel mitgeführt. Für den Hilfeleistungseinsatz werden u. a. ein hydraulischer Rettungssatz und eine faltbare Rettungsplattform vorgehalten.

Foto: Henri de Beul

Die Feuerwehr Zaventem, unweit des Brüsseler Flughafens gelegen, beschaffte für den Kommandanten der Feuerwehr ein neues Dienstfahrzeug. Die Wahl fiel auf einen Toyota Picnic in handelsüblicher Lackierung. Zur Ausstattung des Fahrzeuges gehört außer den üblichen Gerätschaften eines Einsatzleitwagens auch ein mit GPS-Navigations-System.

Foto: Henri de Beul

Ebenfalls an die Feuerwehr Zaventem wurde diese Magirus DLK 23-12 GL-CC geliefert, die auf ein Scania-Fahrgestell der Baureihe 114 G aufgebaut wurde. Die Geräteräume dieser Drehleiter wurden von Rosenbauer Belgien gefertigt. Auch dieses Fahrzeug ist mit einem GPS-Navigation-System ausgestattet. Foto: Henri de Beul

Während der letztjährigen "Interschutz" in Augsburg auf dem Stand der Firma Ziegler zu sehen war das von der Feuerwehr Zaventem neu in Dienst gestellte HTLF. Aufgebaut wurde dieses Fahrzeug von Vanassche auf einem Mercedes-Benz Atego 917-Chassis. Die eingebaute Pumpe stammt aus der Ziegler-Produktion und weist eine max. Fördermenge von 1850 l/min auf. Zur Ausrüstung gehören neben zwei Schnellangriffseinrichtungen auch ein Satz hydraulischer Rettungsgeräte, ein Druckbelüfter und ein pneumatisch ausfahrbarer Lichtmast. Der Löschmittelvorrat beträgt 1000 l Wasser.
Foto: Henri de Beul

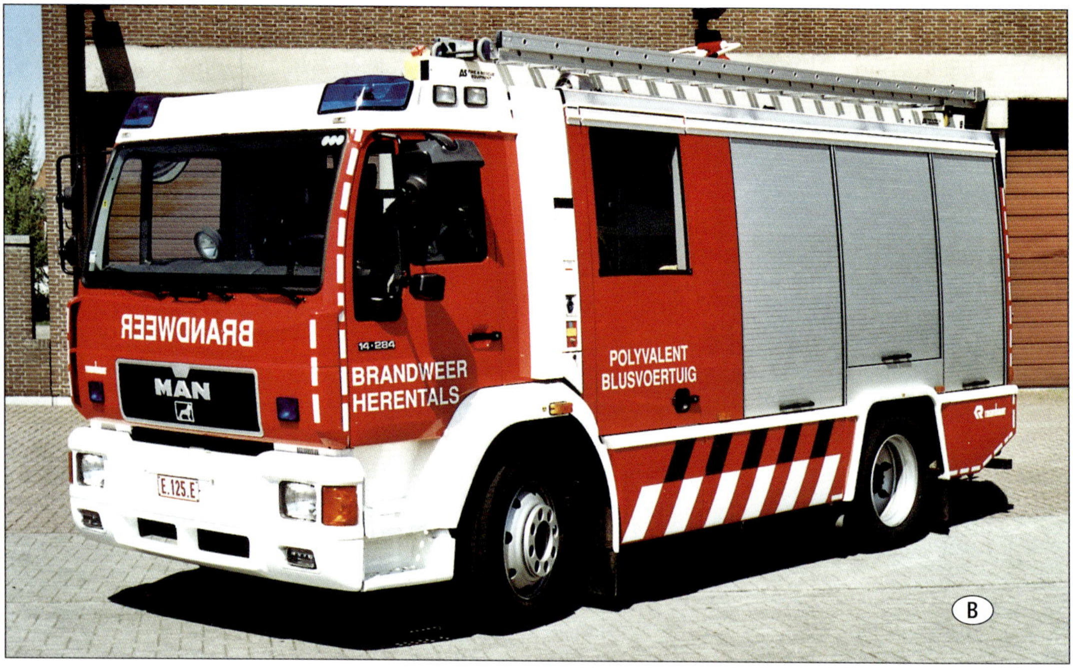

Ein neues TLF stellte die FF Herentals in Dienst. Es wurde von Rosenbauer in AT-Bauweise auf einem MAN-Fahrgestell vom Typ 14.284 aufgebaut. Die max. Fördermenge der eingebauten Rosenbauerpumpe des Typs NH 30 beträgt 3000 l/min. Auf Wunsch des Kunden wurde in diese Fahrzeug auch eine Anlage zur Druckluftschaumerzeugung eingebaut. Der Löschmittelvorrat beträgt 2500 l Wasser, 150 l Schaummittel AFFF, 50 l Class A-Schaummittel, sowie 250 kg ABC-Pulver.

Foto: Henri de Beul

Auf der Insel Ile d´ Oléron nahe der franz. Atlantikküste (Dept. Charente–Maritime) erhielt das CS Chateau d´ Oléron ein auf einem Iveco-Chassis des Typs 135 E 23 aufgebautes Waldbrandtanklöschfahrzeug CCF 5000. Camiva erstellte den Aufbau für dieses Fahrzeug.

Foto: Thomas Hörl

Im Frühling diesen Jahres wurde beim CS St. Justin (Dept. Landes) dieses CCF Mixte 4000, eine Kombination aus Waldbrand-TLF und Standard-TLF in Dienst gestellt. Das von Massias aufgebaute Fahrzeug führt 4000 l Wasser mit und ist mit einer 90 kN-Vorbauseilwinde ausgestattet.
Foto: Thomas Hörl

Ebenfalls von Massias aufgebaut wurde das neu in Dienst gestellte Waldbrandtanklöschfahrzeug CCF des CS Leon (Dept. Landes). Das auf einem Mercedes-Benz Unimog 2150 L aufgebaute Fahrzeug führt 3000 l Wasser mit und ist mit einer 90 kN-Vorbauseilwinde ausgestattet.
Foto: Thomas Hörl

Von Feumotech aufgebautes TLF der Feuerwehr Neuhausen am Rheinfall. Als Basis dient ein mit einer Crew Cab ausgestatteter Scania des Typs CB 124 4x4. Der Löschmittelvorrat beträgt 2500 l Wasser und 150 l Schaummittel. Da dieses Fahrzeug mit einer CAFS-Anlage ausgestattet ist, werden zusätzlich noch 150 l Class-A-Schaummittel mitgeführt.

Foto: Jochen Thorns

In der Schweiz hat Rosenbauer den Vertrieb der Vema-Gelenkmastbühnen übernommen. Einen Teleskop-Gelenkmast des Typs TM 32 stellte die Feuerwehr Schaffhausen in Dienst. Rosenbauer baute diesen auf einem mit einer werkseitigen Mannschaftskabine ausgestatteten Scania P 124 GB auf. Auf Wunsch der Feuerwehr Schaffhausen wurde in dieses Fahrzeug eine Rosenbauer-FP des Typs N 30 eingebaut.

Foto: Jochen Thorns

Neu in Dienst stellte die Feuerwehr Rümlang dieses von Rusterholz auf einem Iveco 190E34-Allrad-Fahrgestell aufgebaute Tanklöschfahrzeug. Der Löschmittelvorrat beträgt hier 3000 l Wasser. Über 25 Fahrzeuge dieses Typs, aufgebaut auf Iveco- oder Scania-Fahrgestellen lieferte Rusterholz bereits an Feuerwehren im Kanton Zürich. Foto: Jochen Thorns

Auch die Feuerwehr Gossau im Kanton St. Gallen stellte ein neues Rusterholz-TLF in Dienst. Bei dem in rot gehaltenen Fahrzeug handelt es sich um eines der wenigen Fahrzeuge, die Rusterholz an Feuerwehren außerhalb des Kantons Zürich lieferte. Foto: Wolfgang Rotter

Im Rahmen einer kantonalen Beschaffung wurde diese Teleskop-Gelenkmastbühne des Typs Bronto Skylift F 23 MDT für die Feuerwehren des Neckertales beschafft und bei der Feuerwehr Brunnadern stationiert. Auf Grund der topografischen Lage des Einsatzgebietes wurde der Hubrettungssatz auf ein Mercedes-Benz Atego 1225-Allradfahrgestell aufgebaut.

Foto: Wolfgang Rotter

Bei der Betriebsfeuerwehr des Bundesamtes für Luftwaffenbetriebe auf dem Millitärflugplatz Dübendorf wurde 2000 dieses Ersteinsatzfahrzeug auf Mercedes-Benz Sprinter 312 D in Dienst gestellt.

Foto: Jochen Thorns

Ebenfalls auf dem Militärflugplatz Dübendorf wurde 2000 dieses von Rusterholz gebaute Atemschutzfahrzeug stationiert. Auch hier fand ein Fahrgestell des Typs Mercedes-Benz Sprinter 312 D Anwendung. Foto: Jochen Thorns

Die FF Seekirchen im österreichischen Bundesland Salzburg erhielt im Jahr 2000 ein neues Atemschutzfahrzeug. Die Firma Borco Höhns aus Rotenburg/Wümme baute dieses Fahrzeug auf einem Mercedes-Benz Atego 1223 L-Chassis auf. Das Foto zeigt das Fahrzeug im "ausgezogenen" Zustand. Weitere baugleiche Fahrzeuge sollen für alle Salzburger Bezirke beschafft werden. Foto: Thomas Hörl

Die Berufsfeuerwehr der Landeshauptstadt Salzburg stellte ein TLFA auf einem Allrad-Fahrgestell des Typs Mercedes-Benz Sprinter 416 CDI-Basis in Dienst. Da dieses TLFA überwiegend für Einsätze in den Salzburger Stadtbergen beschafft wurde, dort findet man vielfach enge Stadttore und Durchfahrten, fiel die Entscheidung, ein Fahrzeug in dieser Größenordnung zu beschaffen. Rosenbauer rüstete dieses Fahrzeug mit einem 800 l fassenden Wassertank und einer FP des Typs NH 30 aus.

Foto: Thomas Hörl

Die Feuerwehr der Bezirkshauptstadt Hallein besitzt ein neues SRFK-A, das von der Oberalmer Firma Seiwald auf einem Mercedes-Benz Actros 1835 aufgebaut wurde. Eine 80-kN-Seilwinde sowie ein heckseitiger Ladekran der Firma Berger/Hiab gehören zu der sehr umfangreichen Ausstattung dieses optisch gelungenen Fahrzeuges. Foto: Thomas Hörl

Von der Betriebsfeuerwehr M-Real in Hallein wurde dieses Vorausfahrzeug beschafft. Es handelt sich hierbei um ein serienmäßiges Pickup-Fahrgestell des Typs Land Rover Defender 130 Td 5. Die Firma Seiwald stattete dieses Fahrzeug mit einer mobilen, 300 l fassenden Light–Water-Löschanlage aus. Diese kann mittels einer eingebauten Elektrowinde über die Rampe von der Ladefläche herabgefahren werden.

Foto: Thomas Hörl

Die FF Kuchl erhielt ein neues RLF-A 2000 auf Mercedes-Benz Atego 1528. Das im Sommer 2001 von Seiwald ausgelieferte Fahrzeug verfügt sowohl über eine Schaum-Schnellangriffsleitung als auch über einen HD-Schnellangriff. Die FP des Typs NH 30 steuerte Rosenbauer bei. Der Löschmittelvorrat beträgt 2000 l Wasser sowie 40 l Schaummittel in Kanistern. Zur weiteren Ausstattung gehören ein 11-kVA-Stromerzeuger, eine Taucherausrüstung, ein Lichtmast und ein 50-kN-Seilwinde.

Foto: Thomas Hörl

In Bischofshofen steht seit kurzem ein neues TLFA 4000-200 im Einsatz. Es handelt sich um ein Mercedes-Benz Atego 1628-Fahrgestell mit Rosenbauer AT-Aufbau. Zur Ausstattung dieses Fahrzeuges gehören ein von der Fahrerkabine aus bedienbarer Dachmonitor sowie eine heckseitig eingebaute Rosenbauer FP des Typs NH 30 und ein 13-kVA-Stromerzeuger.

Foto: Thomas Hörl

Auch das in diesem Jahr in Dienst gestellte neue TLFA 4000 der FF Bürmoos wurde von Rosenbauer in AT-Bauweise gefertigt. Bei dem Fahrgestell fiel die Wahl in Bürmoos auf ein MAN-Allradfahrgestell des Typs 18.284. Foto: Thomas Hörl

Bis Mitte 2002 will das österreichische Bundesheer noch zehn weitere dieser neuen FLF für die Militärflughäfen in Dienst stellen. Die Fahrzeuge (RIV) werden von Rosenbauer auf ÖAF-Fahrgestellen des Typs 26.604 aufgebaut. 5000 l Löschwasser und 1000 l Schaummittel können sowohl über den Dach- (RM25E) und den Frontwerfer (RM8E), als auch über zwei Schnellangriffsleitungen (40 m mit S4-Schwerschaumrohr / 80 m mit Servo Nepiro HD-Strahlrohr) ausgebracht werden. Weitere Ausstattung: Rosenbauerpumpe NH 40, Umfeldbeleuchtung, Selbstschutzanlage, Tankinhaltsanzeige, Lichtmast 4x1000W, 8-kVA-Stromerzeuger, Rotzler Treibmatic 80-kN-Seilwinde. Foto: Thomas Hörl

Ein ELF-Boot auf einem Mercedes-Benz Sprinter 413 CDI-Fahrgestell beschaffte die Feuerwehr Sand i. Taufers (Südtirol). Eingesetzt wird dieses Fahrzeug sowohl für die Einsatzleitung als auch bei Einsätzen der Bootsgruppe. Der Ausbau des Fahrzeuges erfolgte durch die Fa. Kofler. Foto: Thorsten Niedermann

Der österreichische Hersteller Lohr-Magirus fertigte das neue KLF der Feuerwehr Kastellbell. Als Fahrgestell fand ein Mercedes-Benz Sprinter 312 D Anwendung. Neben einer TS 8/8 sind auf diesem Fahrzeug ein tragbarer Stromerzeuger und eine zweiteilige Schiebleiter verladen. Foto: Thorsten Niedermann

Privat Fire Brigade

von Dirk Wieczorek

Im belgischen Aalst, westlich von Brüssel gelegen, besteht seit 1993 ein privater Verein, der es sich zum Ziel gemacht hat, alte Feuerwehrfahrzeuge zu erhalten und zu restaurieren, die Privat Fire Brigade. Unterstützt wird der Gründer der PFB, Julius Verspaille, von 12 Mitgliedern. Heute unterhält die PFB 44 Fahrzeuge und Anhänger, die in einer Halle am Rande des Stadtzentrums untergebracht sind. Ein Großteil der Fahrzeuge gehören allerdings nicht der PFB, sondern sind Leihgaben verschiedener Feuerwehren. Angefangen hatte es 1993 mit einer DL 24 (Autoladder 24 m) Morris Commercial/Metz von 1948. Bald darauf kamen weitere Fahrzeuge hinzu. Die meisten Fahrzeuge der PFB stammen von Feuerwehren der Provinz Oost-Vlaanderen (Ostflandern) in der auch Aalst liegt.

Von der Brandweer Vilvoorde stammt eine DL 30 (Autoladder 30 m) auf Magirus F Mercur 125 von 1958 (1). Eine Besonderheit der Magirus-Drehleitern in den Benelux-Staaten ist, das die Fahrzeuge ohne Kabinen und Aufbauten an den Importeur geliefert wurden. Dieser ließ die Fahrzeuge dann in den meisten Fällen bei Motorkracht in Hoogeveen (Niederlande) fertig stellen. Besonders deutlich ist dies an den Fahrerhäusern zu erkennen, die sich von den Standard-Magirus-Kabinen unterscheiden. Insgesamt waren in Belgien 20 Drehleitern auf Rundhauber-Fahrgestellen verschiedener Typen im Einsatz. Die Weiterentwicklung der Magirus-Drehleitern ist mit dem nächsten Fahrzeug dokumentiert, einer DL 30 auf einem Magirus F 126 D 11 von 1966 (2). Dieses Fahrzeug mußte nicht sehr weit zu seinem neuem Standort fahren, es war bis vor einigen Jahren bei der Brandweer Aalst stationiert. Der Eckhauber-Typ 126 D 11 mit 126 PS-Motor wurde in Belgien und den Niederlanden sehr häufig verkauft, gegenüber dem hierzulande üblichen Typ 150 D 11,der mit 150 PS etwas besser motorisiert war.

Magirus F Mercur 125 DL 30 (Bild 1)

Magirus F 126 D 11 DL 30
(Bild 2)

Ford F 7 Metz DL 25
(Bild 3)

International Cargostar CO
1700 mit Metz DL 30 (Bild 4)

LF 8 MB L 319 (Bild 5)

In den fünfziger und sechziger Jahren wurden in Belgien in großem Maße amerikanische Fahrgestelle der damals gängigen Hersteller importiert. Auf einem solchen Ford F 7 wurde eine Metz DL 25 aufgebaut, die 1949 an die Brandweer St.Niklaas geliefert wurde (3). Das Fahrzeug befindet sich in einem hervorragendem Zustand und wurde bis 1999 in St.Niklaas als Reserveleiter eingesetzt.

Sehr oft wurden in Belgien auch alte Drehleitern auf neue Fahrgestelle umgesetzt, wenn das alte verschlissen war. So auch diese Metz DL 30 von 1951, die auf einem International Cargostar CO 1700 von 1964 weiterverwendet wurde (4). Das CO in der Typenbezeichnung steht für cab-over, ein Frontlenker-Fahrgestell. Eingesetzt wurde die Drehleiter bei der Brandweer Hamme bis in die neunziger Jahre.

Ein Standard-Fahrzeug deutscher Feuerwehren aus den sechziger Jahren ist das LF 8-TS, das von der Brandweer Kaprijke verwendet wurde (5). Der MB L 319 mit Metz-Aufbau von 1964 wurde gebraucht aus Deutschland erworben. Löschfahrzeuge werden in Belgien in drei Kategorien aufgeteilt, leicht, halbschwer und schwer, abhängig von der Pumpenleistung. Dieses LF 8 gehört in die Kategorie leichtes Löschfahrzeug (lichte Autopomp). Ebenfalls ein Gebrauchtfahrzeug aus Deutschland ist das halbschwere Löschfahrzeug (halfzware Autopomp) der Brandweer Assenede. Das LF 15 auf MB LF 3500 wurde 1953 von Metz aufgebaut und wurde nach dem Besitzerwechsel von der belgischen Firma Geens, damals Ziegler-Importeur, überholt (6).

In größerer Stückzahl waren in Belgien FLF auf MB LAF 3500 mit Metz-Aufbau zu finden, die ursprünglich in Deutschland bei der Royal Air Force eingesetzt waren (7). Eines dieser Fahrzeuge befand sich im Besitz der Brandweer Lede, die es bis in die neunziger Jahre benutzte. Ausgerüstet waren die Fahrzeuge mit einer mittig eingebauten FP 8/8, einem 3000 l-Wassertank, sowie ursprünglich einem 150 l-Schaummitteltank. Die Schnellangriffshaspel war hinter dem Tank montiert. Ein zweites Fahrzeug dieser Bauart dient der PFB als Ersatzteilträger.

Nur sehr wenige Magirus-Fahrzeuge wurden in den fünfziger Jahren mit Fremdaufbauten anderer Hersteller versehen. Eines dieser Fahrzeuge ist ein TLF 16, das 1960 von Bachert an die BF Wuppertal geliefert wurde (8). Später gelangte der Magirus F Mercur 125 an die Brandweer Brakel. Das nach deutscher Norm gebaute Fahrzeug ist mit einem 2400 l-Wassertank versehen. Der gelbe Geens-Aufkleber gelangte irgendwann bei einer Instandsetzung bei dieser Firma auf das Fahrzeug.

Der Belgische Zivilschutz (Bescherming Bevolking im Norden, Protection Civile im Süden des Landes) beschaffte 1953 für seine „mobilen Kolonnen" mehrere Löschfahrzeuge auf Ford Big Job F 7 (9). Die

LF 15
MB LF 3500 (Bild 6)

FLF
MB LAF 3500 mit
Metz-Aufbau (Bild 7)

TLF 16
Magirus F Mercur 125
(Bild 8)

Fahrzeuge wurden vom Omnibus-Hersteller Vanhool aufgebaut und mit seewasserbeständigen Bronze-Pumpen von Kronenburg ausgestattet. Eine Besonderheit dieser Fahrzeuge ist der Allradantrieb. Da Ford selbst niemals Großfahrzeuge mit Allradantrieb baute, wurden die Fahrzeuge von Marmon Herrington auf 4x4-Antrieb umgebaut. Das Fahrzeug der PFB wurde bei der 3. mobilen Kolonne in Ghlin eingesetzt und wechselte 1981 zur Brandweer Melle. Da das Löschfahrzeug keinen Wassertank besitzt, wurde es in Melle als Schlauch- und Gerätewagen mit Pumpe eingesetzt. Seit dem 29. November 1996 ist es der PFB als Dauerleihgabe zu Verfügung gestellt.

LF Ford Big Job F 7 (Bild 9)

Ein klassisches belgisches Feuerwehrfahrzeug ist das halbschwere Löschfahrzeug (halfzware Autopomp) der Brandweer Zwevegem (10). Der schwere amerikanische Fargo P8D 700 wurde 1960 von Wasterlain aufgebaut. Fahrgestelle von Fargo waren in Belgien sehr selten. Die Firma gehörte zu diesem Zeitpunkt zu Dodge, weswegen das Fahrerhaus mit den Kabinen von Dodge nahezu identisch war. Solche Fahrzeuge wurden in großen Stückzahlen, mit und ohne Vorbaupumpe, auf verschiedene Fahrgestelle, sowohl von Wasterlain als auch von Landuyt aufgebaut, damals die beiden wichtigsten belgischen Aufbauhersteller.

Ende der sechziger Jahre wurde in Belgien begonnen, Fahrzeuge zentral über das Innenministerium zu beschaffen, um den meist überalterten Fahrzeugpark der belgischen Feuerwehren zu ersetzen. 1972 wurde eine kleine Serie leichter Löschfahrzeuge in Dienst gestellt. Eines der Fahrzeuge, die von Rosenbauer-Belgien auf britischen Dodge WCAS 515 aufgebaut wurden, stand im Dienst der Brandweer Zottgem (11). Die Fahrzeuge waren ausgestattet mit einer 1000 l/min-Rosenbauer-Pumpe und einem 1000 l fassenden Wassertank.

Im Antwerpener Hafen reiht sich ein Chemiebetrieb an den anderen. Zum Eigenschutz unterhalten die meisten dieser Betriebe eigene Werkfeuerwehren. Die Bedrijfsbrandweer der BP Chemicals besaß einen vollständig aus den USA importierten GMC 8500 mit einem Aufbau von National Foam (12). Dieses in den USA oft gebaute Fahrzeug ist mit einer 3785 l/min-Hale-Pumpe und einem 3785 l-Schaummitteltank ausgestattet. Gebaut wurde dieses Schaumlöschfahrzeug (Schuimautopomp) 1968. Der amerikanische Hersteller National Foam hat sich im Fahrzeugbau hauptsächlich auf Sonderlöschfahrzeuge für die Industrie spezialisiert.

Anfang der sechziger Jahre beschaffte die Brandweer Gent einige Fahrzeuge auf Magirus-Fahrgestellen. Eines hiervon war ein TroLF 1500, welches 1961 auf einem Magirus F Mercur 125 A aufgebaut wurde (13). Den Aufbau des Fahrzeugs übernahm die belgische Firma Landuyt, unter Verwendung von zwei 750 kg-Pulveranlagen von Total. Auf einem identischen Fahrgestell existiert ebenfalls noch der Schlauch- und Gerätewagen, der ebenfalls von Landuyt gebaut wurde. Er hat im Heck zwei hintereinanderliegende große Schlauchhaspeln für B-Schläuche. Dieses Fahrzeug ist allerdings zur Zeit nicht fahrbereit. Ein Unikat ist auch der einzige Magirus RKW 10, der nach Belgien geliefert wurde (14). Wie auch bei den Magirus-Drehleitern wurde das Fahrzeug ohne Karosserie, nur als Fahrgestell mit Kabine und Krananlage an den Importeur geliefert.

Den Aufbau erstellte, wie auch bei den beiden Rundhaubern, die Firma Landuyt. Alle drei ehemaligen Magirus der Brandweer Gent sind noch stark restaurationsbedürftig und wurden erst Ende 1999 von der PFB übernommen.

TLF Fargo P8D 700 (Bild 10)

Im Rahmen der Zentralbeschaffungen wurde 1972 auch eine Serie Gerätewagen (Materiaalwagen) beschafft. Die Fahrzeuge wurden von Bodaert auf Dodge WCAS 543-Fahrgestellen aufgebaut (15). Das Fahrzeug der PFB versah früher seinen Dienst bei der Brandweer Avelgem.

Nach dem Zweiten Weltkrieg gelangten viele ausgediente Militärfahrzeuge an Feuerwehren in ganz Europa. Die Brandweer Gavere setzte einen 1943er Chevrolet als Mannschaftswagen ein (16). Der Umbau zum Feuerwehrfahrzeug wurde von der Brandweer selbst vorgenommen. Am Heck sind zwei Schlauchhaspeln angebracht. Die sonstige feuerwehrtechnische Beladung ist in den Sitzbänken verstaut. Dem versierten Betrachter mag vielleicht auffallen, dass das Fahrzeug außen keine Türgriffe hat. Diese sind innen angebracht und über die kleinen Klappen in den Fenstern zu erreichen.

Neben diesen Fahrzeugen hat die PFB noch eine ganze Reihe anderer, zur Zeit allerdings größtenteils noch nicht fahrbereiter Fahrzeuge. Darunter befinden sich ein 1947 Laffly Ersteinsatzfahrzeug aus Frankreich, ein 1950 Dodge/Landuyt TLF aus Eeklo, ein 1953 Ward La France TLF aus Ruddervoorde (ex. US Air Force), ein Ford Big Job F8 TLF aus Maldegem, ein 1955 Ford Rhein/Miesen KTW der belgischen Armee, eine 1955 Magirus S 6500 A Sattelzugmaschine des belgischen Militärs, die für den Transport älterer Fahrzeuge eingesetzt wird, eine 1960 Ford F 600/Simon Teleskopbühne aus Antwerpen, ein 1964 Dodge/Landuyt TLF aus Eeklo, ein 1968 Land Rover 109 MZF aus Brakel, ein 1981 Chevrolet Custom de Luxe RTW des Krankenhauses Aalst, ein 1978 Volvo 245 ELW aus Kaprijke, sowie eine Anzahl verschiedener Anhänger.

Da sich die Privat Fire Brigade selber finanzieren muß, ist man immer auf finanzielle Zuwendungen angewiesen. Hierzu bringt man unter anderem quartalsweise ein kleines Heft heraus, in dem die Aktivitäten der PFB und die Fahrzeuge vorgestellt werden. Das Heft ist in Flämisch geschrieben, was aber für Deutsche sehr leicht zu lesen ist. Außerdem verkauft die PFB auch Pins, T-Shirts, Löschdecken und verschiedene andere Gegenstände. Das Heft ist zu beziehen über: V.U. Jules Verspaille Keizersplein 61 9300 Aalst, Belgien.

TLF Dodge WCAS 515 mit Rosenbauer-Aufbau (Bild 11)

SLF GMC 8500 (Bild 12)

TroLF Magirus F Mercur 125 A (Bild 13)

Magirus F Jupiter 200 A
RKW 10 (Bild 14)

GW
Dodge WCAS 543 (Bild 15)

MTF Chevrolet (Bild 16)

Hanomag

Ein Teil hannoverscher Feuerwehr-Geschichte

von Hagen Ebel

In der Vergangenheit, als der Markt der Nutzfahrzeuge noch Spielraum für eine größere Anzahl von Herstellern hatte, war es durchaus üblich, dass sich einzelne Feuerwehren auf die Produkte von örtlich bzw. in der Region ansässigen Herstellern konzentrierten.

Sprichwörtlich dafür sind die zahlreichen Fahrzeuge der BF Essen, die eine große Anzahl verschiedener Feuerwehrfahrzeuge auf unterschiedlichen Fahrgestell-Typen des örtlichen Herstellers Krupp aufbauen ließ. Genauso ließen sich die Feuerwehren Augsburg, Nürnberg und München mit Fahrgestellen der Firma MAN ausrüsten und tun dies noch heute. Kassel und Henschel bildeten ebenso eine häufig praktizierte Kombination.

Ein ähnliches Bild spiegelt sich auf dem Pkw-Sektor wider: lange Zeit war es selbstverständlich, dass die Polizei in Bremen mit einem Streifenwagen vom Typ Borgward Isabella zum Einsatz fuhr, und die Streifenwagen BMW 501 der Münchener Polizei sind schon Legende.

Auf dem Gebiet der leichten Nutzfahrzeuge ist eine so deutliche regionale Ausprägung nicht zu erkennen. Die in den fünfziger und sechziger Jahren am Markt konkurrierenden Modelle Borgward B 1500 u.ä., Ford FK 3500, Hanomag L 28, Mercedes-Benz L 319 sowie Opel Blitz wurden zwar in deutlich unterschiedlichen Stückzahlen hergestellt, waren aber relativ gleichmäßig verbreitet.

Für den Bereich der Feuerwehr Hannover stellt sich die Situation jedoch gänzlich anders dar: Nahezu alle Fahrzeuge in der Gewichtsklasse 3,5 bis 7,5 Tonnen wurden auf Fahrgestelle des örtlichen Herstellers Hanomag aufgebaut, andere Hersteller hatten keine Chance. Lediglich im Bereich des Rettungsdienstes wurden in der damaligen Zeit Fahrgestelle Opel Blitz sowie (einmal!) Mercedes-Benz eingesetzt.

Löschfahrzeuge auf dem Modell L 28

Ende der fünfziger Jahre war die Feuerwehr noch mit einer großen Anzahl von Fahrzeugen ausgerüstet, die die Wirren des Zweiten Weltkrieges überstanden hatten. Dies galt auch für die zehn Löschbezirke der Freiwilligen Feuerwehr, bei denen als Standard-Fahrzeug ein LF 8 (frühere Bezeichnung KzS 8) mit Tragkraftspritzenanhänger Verwendung fand. Dabei wurden meistens Opel Blitz 1,5-Tonner eingesetzt. Diese Fahrzeuge galt es nach und nach zu ersetzen. Da in der erforderlichen Gewichtsklasse ein entsprechendes Modell bei Hanomag im Programm war, lag die Verwendung dieses Modells nahe.

Das Modell L 28 war ein damals weit verbreiteter leichter Lastwagen, der in verschiedenen Stufen weiterentwickelt wurde. Zunächst ab 1950 noch mit geteilter Frontscheibe und hinten angeschlagenen Türen lieferbar, wurde das Modell 1957 grundlegend überarbeitet. In der neuen Bauart wurde es dann auch das Fahrzeug, das in größerer Stückzahl die Basis für die neuen LF 8-TS der Freiwilligen Feuerwehr bildete. Bei diesen Fahrzeugen wurde im Gegensatz zu der früheren Ausführung die Tragkraftspritze mit im Aufbau untergebracht, so dass der Anhänger entfallen konnte und damit auch die Unfallgefahr reduziert wurde.

Der Aufbau wurde bei der Firma Bierstedt hergestellt, die in Thedinghausen ansässig war. Ähnlich wie bei den Fahrgestell-Herstellern gab es in den fünfziger Jahren noch mehrere kleine Aufbaufirmen, die für die regionalen Feuerwehren die Aufbauten erstellten. Da die Herstellung aller erforderlichen Aggregate teilweise sehr aufwändig war (z.B. Feuerlöschkreiselpumpen), wurden diese von geeigneten Herstellern angekauft.

Die exakte Anzahl dieser neuen LF 8 für die FF Hannover ist nicht genau bestimmbar, es müssen acht oder neun gewesen sein. Dabei wurden zwei unterschiedliche Bauserien geliefert: die eine Serie war mit einer Vorbaupumpe ausgerüstet, die andere Serie besaß eine im Heck eingebaute Feuerlöschkreiselpumpe. Bei dieser Version war die Pumpe nicht mittig angeordnet, sondern auf die rechte Fahrzeugseite verschoben, so dass in der Mitte ein großer Geräteraum verblieb, in den die zusätzlich mitgeführte TS eingeschoben werden konnte. Bei beiden Versio-

Auf diesem Bild ist die große Dominanz der Hanomag-Fahrzeuge zu erkennen. Anlässlich einer Bereitschafts-Übung im Mai 19
hannoverschen Hersteller produziert.

sind die beteiligten Fahrzeuge auf dem Hof der Feuerwache 1 aufgestellt. Zehn von 14 Fahrzeugen wurden bei dem

Eine Bauserie der LF 8-TS war mit einer Vorbaupumpe ausgerüstet.

Die Bedienung dieser Pumpe war nur durch eine kleine Klappe möglich, Reparaturen erforderten einiges Geschick.

Auch die Lkw waren mit Warneinrichtungen ausgerüstet. Damals bevorzugte man das Auer-Blaulicht.

nen wurde der im Geräteraum untergebrachte Vorrat an B-Schläuchen um eine fahrbare Schlauchhaspel am Heck erweitert.

Sonstige Fahrzeuge auf L 28

Wenn auch die LF 8 die größte Gruppe bildeten, bot sich das Fahrgestell des L 28 auch für andere Verwendungszwecke an. So wurden in der Feuerwehr zwei Fahrzeuge nahezu serienmäßig als Lkw eingesetzt, wobei sie lediglich mit der erforderlichen Warneinrichtung ausgerüstet wurden.

Für den Einsatz auf Gewässern besaß die Feuerwehr einen so genannten Bootswagen. Bis Ende der fünfziger Jahre wurde dafür ein Magirus S 3000 eingesetzt. Als dieses Fahrzeug ersetzt werden musste, fiel die Wahl ebenfalls auf den Hanomag L 28 als Fahrgestell. Der Aufbau wurde an die Firma Stolle vergeben, die für die Feuerwehr Hannover im Laufe der Jahre eine Vielzahl sehr unterschiedlicher Fahrzeuge realisiert hat. Bei diesem Fahrzeug wurden zwei Boote aus Leichtmetall übereinander auf dem Aufbau so gelagert, dass sie unabhängig voneinander entnommen werden konnten. Die Boote wurden wegen des guten Zustandes vom Vorgänger-Fahrzeug übernommen. Die übrige Ausrüstung wurde in den seitlichen Stauräumen untergebracht. Bei diesem Fahrzeug fällt am Aufbau eine elegante Rundung auf, die einen eckigen Übergang zum hinteren niedrigen Teil überbrücken sollte. Damals wurde teilweise noch mit hohem Aufwand das äußere Erscheinungsbild elegant gestaltet. Dieses Fahrzeug wurde bis 1973 eingesetzt, bis es durch andere Fahrzeuge abgelöst wurde.

Annähernd so umfangreich wie bei den LF 8 waren jedoch die Änderungsarbeiten, die bei zwei sehr ähnlich aussehenden Fahrzeugen mit Kofferaufbauten vorgenommen werden mussten: beim Atemschutzgerätewagen (AGW) sowie beim Nachrichtenbauwagen (NBW). Die Bezeichnung des ersten Fahrzeuges macht den Einsatzauftrag deutlich: das Fahrzeug diente zur Versorgung der Einsatzstelle mit Atemschutzgeräten. Dabei kamen zunächst überwiegend Kreislaufgeräte KG 210 („Heeresatmer"), später dann auch Pressluftatmer vom Typ DA 58 zum Einsatz. Um die letzteren wieder befüllen zu können, besaß das Fahrzeug einen Atemluft-Kompressor, der vom Fahrzeugmotor angetrieben wurde. Der übrige

Der Bootswagen, auf dem zwei Aluminiumboote transportiert wurden, war von der hannoverschen Firma Stolle ausgerüstet worden.

Raum war mit Werkbänken ausgerüstet, um die erforderlichen Arbeiten an der Einsatzstelle vornehmen zu können.

Das zweite, sehr ähnlich aussehende Fahrzeug diente damals der Nachrichten-Abteilung als Werkstattwagen für alle im Zusammenhang mit dem Fernmeldekabelnetz stehenden Arbeiten. In dieser Zeit unterhielt die Feuerwehr für den Anschluss an die Feuermeldeanlage ein eigenes Kabelnetz, das unabhängig von den sonstigen städtischen Leitungen be-

Ebenfalls von Firma Stolle war der Atemschutzgerätewagen gebaut worden.

Auch der Nachrichtenbauwagen stammte von dieser Firma. Anders als die sonstigen Fahrzeuge war dieses nicht für den alarmmäßigen Einsatz ausgerüstet.

trieben wurde. Mit der Übertragung dieser Aufgabe auf ein anderes Amt Ende der sechziger Jahre konnte dieses Fahrzeug ausgesondert werden.

Im weitesten Sinne der Nachrichtentechnik diente ein weiteres Fahrzeug, das als Kuriosum bezeichnet werden muss: ein Kommandowagen (in heutiger Sprachregelung Einsatzleitwagen). Vom L 28 wurde von Hanomag eine leichte Version mit ganz kurzem Radstand angeboten, der überwiegend in Pickup-Version geliefert wurde. Auf dieses Fahrgestell, das an der Hinterachse lediglich eine Einzelbereifung besaß, wurde ein Koffer als Nachrichtenzelle aufgesetzt. Im Vergleich mit den heutigen Einsatzleitwagen ging es darin arg eng zu, insbesondere wenn man bedenkt, dass in dem ohnehin schon beengten Raum auch noch der Kurbelmast für die Antennen untergebracht war.

Ein Sonderling war der Kommandowagen, der auf einem Pickup-Fahrgestell mit extrem kurzem Radstand aufgebaut wurde.

Hier ist der Kommandowagen im aufgebauten Zustand zu sehen. Die ungewöhnlichen Proportionen sind hier gut zu erkennen.

Eine Drehleiter DL 24 wurde nachträglich mit einer Hanomag-Kabine ausgestatttet.

Auch in Einzelteilen fanden Produkte der Firma Hanomag Verwendung. So setzte die Feuerwehr Hannover eine Drehleiter DL 24 ein, die etwa im Jahr 1935 von der Firma Magirus gebaut worden war. Bei dieser Drehleiter war das Fahrerhaus noch offen ausgeführt. Im Rahmen einer umfangreichen Überholung wurde an die Motorhaube eine Fahrerkabine des L 28 angebaut, so dass das Fahrzeug ein ganz anderes Aussehen bekam und die Besatzung nicht mehr der Witterung ausgesetzt war. Außerdem wurde im Rahmen dieser Renovierungsarbeiten im Jahr 1958 der schadhafte Original-Motor durch einen Hanomag-Motor ersetzt. Dieses Fahrzeug wurde im Jahr 1966 ausgesondert.

Löschfahrzeuge auf den Modellen Kurier / Garant / Markant

Nachdem der dringliche Ersatz der Weltkriegs-Fahrzeuge im Jahr 1960 mit einer Serie von fünf Fahrzeugen durchgeführt war, wurden zunächst keine weiteren Fahrzeugen LF 8 beschafft. Erst Anfang 1963 standen weitere Beschaffungen an. Zwischenzeitlich hatte sich ein Modellwechsel vollzogen, der mehr als nur kosmetische Änderungen mit sich brachte. Bei der Firma Hanomag hatte man – wie bei den anderen Herstellern auch – eine Baureihe entwickelt, die als Frontlenker ausgeführt war. Diese Fahrzeuge erhielten in Abhängigkeit ihres Gesamtgewichtes verschiedene Namen.

Auf dem Modell Markant (bis 3,5 Tonnen) ließ die Feuerwehr wiederum durch die Firma Bierstedt drei LF 8 aufbauen, die nacheinander geliefert wurden. Die grundsätzliche Konstruktion entsprach weitgehend der letzten L 28-Version mit der seitlich im Heck eingebauten Pumpe. Diese wurde von der Firma Balcke geliefert. Diese Fahrzeuge wurden in den Jahren 1977 bis 1979 ausgesondert.

Auf dem Frontlenker-Fahrgestell wurde im Jahr 1967 das einzige TLF aufgebaut, das für die Freiwillige Feuerwehr neu beschafft wurde. Das Fahrzeug wurde in einigen Unterlagen als TLF 16 geführt, entsprach aber weitgehend dem TLF 8/18.

Da die Fahrzeuge der FF damals über keine wesentlichen Löschmittel-Vorräte verfügten (außer einem TLF 16, das aus Beständen der BF übernommen worden war sowie den Fahrzeugen des Katastrophenschutzes), ergänzte dieses Fahrzeug die taktischen Möglichkeiten der FF. Zum Einsatzauftrag der FF gehört auch die Besetzung der verwaisten Wachen der BF bei Großeinsätzen. Um diesem Auftrag gerecht zu werden, sind auch Fahrzeuge mit Wasser-

Die LF 8 auf dem neuen Fahrgestell der Markant-Serie folgten der vorherigen Bauweise mit Heckeinbau-Pumpe.

Das einzige TLF 8 wurde ebenfalls auf dem Markant-Fahrgestell aufgebaut.

tank erforderlich, mit denen ein sofortiger Löschangriff durchgeführt werden kann. Nach der Aussonderung dieses Fahrzeuges wurde es im Jahr 1983 nach Argantil in Portugal verkauft. Die Ausstattung der FF mit TLF erfolgt seitdem durch noch gut einsatzbereite Fahrzeuge der BF.

Sonstige Fahrzeuge

Auf dem Fahrgestell des Modells Markant wurden mehrere Sonderfahrzeuge beschafft, die alle von der Firma Stolle geliefert wurden. Anders als bei der vorherigen Generation wurde der Geräteaufbau nicht mit dem Fahrerhaus vereint. Diese aufwändige Bauart wurde nur zweimal angewendet. Bei allen danach folgenden Fahrzeugen blieb vielmehr die serienmäßige Fahrerkabine weitgehend unverändert. Die Geräte wurden in einem getrennten Kofferaufbau untergebracht. Bei der ersten Beschaffung handelte es sich um einen leichten Gerätewagen, der im Laufe der Zeit mehrfach umgebaut wurde und auch unterschiedliche Bezeichnungen erhielt.

Nach der gleichen Bauweise wurden noch mehrere Fahrzeuge aufgebaut, die sich äußerlich nur in Details unterschieden. Das nächste Fahrzeug war ein Küchenwagen, der im Jahr 1962 geliefert wurde. Er diente der Versorgung der Einsatzkräfte bei Großeinsätzen. Der im Kofferaufbau montierte Feldkochherd besaß einen klappbaren Schornstein, der beim Betrieb durch eine im Fahrzeugdach befindliche verschließbare Öffnung geschoben werden konnte. Der Küchenwagen blieb bis zum Jahr 1986 im Einsatz, bis er durch ein neues Fahrzeug ersetzt wurde.

Als nächstes wurde im Jahr 1964 ein Atemschutzgerätewagen aufgebaut, der das Fahrzeug auf der Basis des L 28 eine Zeit lang ergänzte, bis dieser durch einen neu beschafften Wechselaufbau ersetzt wurde. Auch in dem neuen AGW wurde ein Kompressor installiert, der elektrisch angetrieben wurde.

Zeitgleich wurde ein Tierbergungswagen beschafft, der bei allen Einsätzen in Verbindung mit Tieren alarmiert wurde. Gerade dieses Fahrzeug war, anders als die übrigen Sonderfahrzeuge, zu vielen Einsätzen unterwegs.

Des weiteren wurden auf der Basis des Markant insgesamt drei Lkw unterschiedlicher Größe beschafft, die sowohl bei der BF als auch bei der FF eingesetzt wurden. Neben ihrer allgemeinen Transportfunktion wurden diese Fahrzeuge immer dann eingesetzt, wenn ein Sonderfahrzeug wegen eines Werkstattaufenthaltes nicht zur Verfügung stand. Natürlich konnten die eigentlichen Aufgaben nicht so optimal wie mit dem bestimmungsgemäßen Fahrzeug wahrgenommen werden, zumal manchmal fest installierte Einrichtungen erforderlich sind. Dieses Provisorium war mit einer der Gründe, die dann später zur Einführung des Wechselladersystem führten, mit dessen Hilfe die „Nutzlast" verschiedener Sonderaufbauten immer zur Verfügung steht, unabhängig von den einzelnen Fahrgestellen.

Eine Reihe von Sonderfahrzeugen wurde auf dem Markant-Fahrgestell aufgebaut, wobei immer ein getrennter Geräteraum gewählt wurde. Hier ist der Tierbergungswagen zu sehen.

Der neue Atemschutzgerätewagen ersetzte den Vorgänger auf dem L 28-Fahrgestell.

Der Küchenwagen ist im Einsatz deutlich an seinem Schornstein erkennbar.

Auf der Basis des Markant gab es verschiedene Lkw mit und ohne Plane.

Modell Kurier II

Bald nach der Einführung der reinen Lkw-Serie ergänzte Hanomag das Programm um einen leichten Kastenwagen, der aber nur die untere Gewichtsklasse bis etwa zwei Tonnen abdeckte. Die Namensgebung entsprach demzufolge auch der leichtesten Version der Lkw-Serie. Zur Unterscheidung wurde der Typ Kurier II genannt.

Dieser Fahrzeugtyp, der keine große Verbreitung fand, wurde in der Feuerwehr Hannover nur einmal verwendet. Er diente als Ersatz für den oben beschriebenen Kommandowagen, der nach relativ kurzer Zeit wegen unzulänglicher Einsatztauglichkeit zunächst ergänzt und später ersetzt wurde. Auch diesem neuen Fahrzeug, das 1964 beschafft wurde, blieb ein Wechsel in der Nutzung nicht erspart. Nach der Einführung des Wechelladersystem wurde als eine der ersten Komponenten ein Abrollbehälter-Funk bestellt, der in Verbindung mit einem Großeinsatzwagen die Führungsmöglichkeiten deutlich verbesserte. Der bisherige KdoW war entbehrlich. Er wurde deshalb zu einem Wasserrettungswagen (WRW) umgebaut, da damals nach einem tragischen Verkehrsunfall mit mehreren ertrunkenen Personen das Fehlen einer ständig verfügbaren Tauchergruppe bemängelt worden war. Die Einsatzmöglichkeiten der Feuerwehr beschränkten sich bis dahin auf die Einsätze auf dem Wasser, nicht aber unter Wasser. Mit Hilfe des jetzt verfügbaren Fahrzeuges wurde der Wasserrettungszug gebildet, der noch durch einen RW-Boot ergänzt wurde. In dem WRW wurde die gesamte Taucherausrüstung untergebracht, während die zwei Schlauchboote mit der dazu gehörigen Ausstattung auf dem RW-Boot verlastet wurden.

Diese Einheit, die zeitweilig noch durch ein Fahrzeug des Katastrophenschutzes ergänzt wurde, blieb bis zum Jahr 1978 im Einsatz, bis sie durch einen neuen Wasserrettungswagen, der diesen Namen auch wirklich verdiente und alle Funktionen in sich vereinte, ersetzt wurde.

Die Markant-Baureihe wurde – beginnend ab 1967 – durch eine neue moderne Baureihe abgelöst. Diese wurde mit Zahlen bezeichnet, die die Tonnage der Fahrzeuge angaben. Aus dieser Serie wurde im Jahr ein Lkw (Modell F 45) mit Doppelkabine beschafft.

Sonstiges

Die Firma Hanomag hat nach einer wechselvollen Geschichte und unterschiedlichen Besitzverhältnissen die Herstellung von Lastkraftwagen im Jahr 1973 endgültig eingestellt. Wenn auch keine Lkw mehr am

Der Kastenwagen Kurier II wurde als Kommandowagen beschafft. Hier ist er bei einer Übung zu erkennen.

Nach der Beschaffung eines Funk-Containers wurde der ehemalige Kommandowagen zum Wasserrettungswagen umgebaut. Er transportierte die Ausrüstung für die Taucher, während die Boote von einem anderen Fahrzeug an die Einsatzstelle gebracht wurden.

Die folgende F-Baureihe war nur als Lkw im Bestand vertreten.

Standort Hannover produziert werden, so geht dennoch die Produktion von Fahrzeugen weiter. Hergestellt werden bis heute Baumaschinen wie Radlader und ähnliche Geräte. Diese wurden unter eigenem Namen und seit einiger Zeit unter der Marke Komatsu vertrieben.

Auch von diesen Geräten befindet sich ein Fahrzeug im Bestand der Feuerwehr Hannover: ein Rad--lader Hanomag Typ 44. Mit diesem Fahrzeug, das auf der Müllkippe den täglichen Leistungsanforderungen nicht mehr gerecht wurde und deshalb von der Feuerwehr übernommen werden konnte, kann bei schweren Bauunfällen oder auch Verkehrsunfällen leistungsfähig und schnell Unterstützung für die Einsatzkräfte gestellt und so die Einsatzdauer teilweise erheblich verkürzt werden. Nachdem das Fahrzeug bislang mit einer festen Ladeschaufel versehen war, wurde vor kurzem statt dessen eine Frontanbauplatte montiert, so dass jetzt auch andere Geräte wie z.B. eine Ladegabel oder ähnliche Geräte montiert werden können. Damit wird das Einsatzspektrum deutlich erweitert, gleichzeitig verbessert sich die Fahrbarkeit im Straßenverkehr. Allerdings müssen die Anbaugeräte auf einer Wechsellader-Pritsche nachgeführt werden, so dass ein erhöhter Personaleinsatz erforderlich wird.

Modell des Kommandowagens.

Hanomag-Pkw

Nicht zuletzt muss hier daran erinnert werden, dass die Firma Hanomag auch im Pkw-Bereich aktiv war. Das Hanomag „Kommissbrot" ist hier ein Beispiel. Der Fuhrpark der Feuerwehren war in den ersten Jahren nach dem Krieg aus allen möglichen Beständen zusammengestellt. Nach zeitgenössischen Aufzeichnungen sollen sich zwei Pkw-Cabrios im Bestand der Feuerwehr Hannover befunden haben, deren genauer Typ aber nicht bekannt ist. Sie wurden in den Listen als Aufklärungswagen geführt. Mit dieser Bezeichnung wurden in Hannover lange Zeit die Einsatzleiter-Fahrzeuge benannt. Weitere Einzelheiten (Herkunft, Typ, Verbleib) sind jedoch nicht bekannt, auch Fotos sind von diesen Fahrzeugen nicht erhalten.

Modelle von Hanomag-Fahrzeugen, gebaut vom Verfasser.

Modelle des LF 8-TS und des Bootswagens.

Wenn auch das Thema Hanomag im Automobilbau abgeschlossen ist, so lebt doch der Name in dem oben beschriebenen Gerät weiter.

Das letzte Fahrzeug aus dem Hause Hanomag ist ein Radlader, der vor einigen Jahren übernommen werden konnte.

Bei komplizierten Brandstellen mit unzugänglichen Brandnestern leistet er gute Hilfe.

Hanomag-Fahrzeuge bei der Feuerwehr Hannover

Fahrzeuge	Amtliches Kennzeichen	Anzahl	Bemerkungen
Hanomag-Pkw			
(?) AW als Cabrio auf Wache 1	?	1	
(?) AW als Cabrio auf Wache 3	?	1	
Typ L 28			
LF 8 mit Vorbaupume	Diverse	5	Gesamtanzahl nicht genau bekannt
LF 8 ohne Vorbaupume	Diverse	5	Aufbau Fa. Bierstedt
Lkw mit Pritsche und Plane		2	
Bootswagen	H - 2092	1	
Atemschutzwagen	H - 2229	1	
Nachrichtenbauwagen	H - 2361	1	
Kommandowagen	H - 2261	1	Typ: L 28 Pick Up mit Kofferaufbau
DL 24 / 7 (mit Hanomag-Kabine)	H - 2221	1	Nachträglicher Anbau einer L 28-Kabine
Typen Kurier / Garant / Markant			
LF 8		3	
LF 8/ Linden	H - 2250		Aufbau Fa. Bierstedt
LF 8/	H - 2255		Aufbau Fa. Bierstedt
LF 8/	H - 2259		Aufbau Fa. Bierstedt
TLF 8 (Bezeichnung TLF-FF 1)	H - 2230	1	Verbleib: Portugal
Atemschutzgerätewagen AGW	H - 2216	1	Aufbau Fa. Stolle
Küchenwagen KüWa	H - 2209	1	Aufbau Fa. Stolle
RW 1 (andere Bez.: LGW)	H - 2001	1	Aufbau Fa.Stolle
Tierbergungswagen TBW	H - 2005	1	Aufbau Fa.Stolle
Lkw		3	
kurz / Pritsche und Plane	H - 2006		Totalschaden nach VU
kurz / Pritsche und rote Plane	H - 2051		
kurz / Pritsche und rote Plane	H - 2052		
Typ Kurier II (Kofferwagen)			
Kommandowagen (FF)	H - 2333	1	später Umbau in Wasserrettungswagen
Typ F 45 / F 55 uä			
Lkw mit Doppelkabine und Pritsche/Plane	H - 2204	1	
Radlader			
Radlader Typ 44	H - 2344	1	noch im Einsatz
		31	

Der Notarztdienst der Feuerwehr Hamburg

Vom arztbesetzten Unfallwagen zum Notarzt-Einsatzfahrzeug

von Dr. Stefan Kappus

Notfallrettung in der Freien und Hansestadt Hamburg ist seit 1946 Aufgabe der Feuerwehr und somit auch Einrichtung und Betrieb eines Notarztdienstes. Die Feuerwehr Hamburg betreibt dazu heute acht Notarzt-Einsatzfahrzeug-Stationen rund um die Uhr. Ein Notarztwagen des Arbeiter-Samariter-Bundes im 24-Stunden-Betrieb sowie je ein Notarztwagen der Bundeswehr und des Deutschen Roten Kreuzes im 12-Stunden-Betrieb sind zusätzlich in dieses System integriert. Tagsüber ergänzen je ein Rettungshubschrauber der Bundeswehr und der ADAC-Luftrettung den bodengebundenen Notarztdienst.

Die Anfänge des Notarztdienstes in Hamburg reichen in die sechziger Jahre zurück. Zur Bedarfsermittlung führte die Feuerwehr Hamburg zusammen mit der Gesundheitsbehörde ab 1960 mehrere Versuche mit „arztbesetzten Unfallwagen" durch. Über einen Zeitraum von sieben Monaten vom 1. Januar bis zum 31. Juli 1963 fuhr ein arztbesetzter Unfallwagen vom Allgemeinen Krankenhaus St. Georg aus zu Notfalleinsätzen. Eine gezielte Disposition fand jedoch nicht statt. So sollte ermittelt werden, bei welchem Anteil von Einsätzen notärztliche Versorgung nötig erscheint. Es wurden in der Versuchsphase verschiedene Fahrzeuge eingesetzt, neben den vorhandenen VW-Unfallwagen ein von der Bundeswehr geliehener luftgefederter Borgward und ein VW-Clinomobil. Obwohl die Erfahrungen weitestgehend positiv waren, dauerte es noch einige Jahre, bis Hamburgs erster Notarztwagen (NAW) am 10. Januar 1968 im Allgemeinen Krankenhaus St. Georg in Dienst ging. Für diesen Zweck wurde ein bereits vorhandener Großraum-Unfallwagen der Feuerwache Berliner Tor entsprechend umgebaut. Allerdings war dieser NAW wegen fehlender Arztstellen nur tagsüber von 8.00 bis 18.00 Uhr einsatzbereit. Dieser Großraum-Unfallwagen war 1965 vom Karosseriewerk Herrmann in Hamburg auf der Basis eines Mercedes-Benz L 319 B ausgebaut worden. Das Fahrzeug war in Feuerrot (RAL 3000), das Dach in Weiß, die Stoßstangen schwarz lackiert. Vorne rechts und links waren Auer-Leuchten auf dem Dach montiert, dazwischen befand sich ein beleuchtetes Transparent mit dem Schriftzug „Unfallwagen". Als akustische Warnanlage waren vier Bosch-Hörner an der vorderen Stoßstange angebracht.

1969 begannen dann seitens der Feuerwehr und der Gesundheitsbehörde die Planungen zur Einrichtung eines flächendeckenden Notarztdienstes. Vorgesehen war hierfür die Indienststellung von vier Notarztwagen. Finanzierungsprobleme verzögerten die Realisierung jedoch immer wieder.

1971 spendete die Rettungsdienststiftung Björn Steiger e.V. allen Bundesländern einen von Binz ausgebauten Rettungswagen Mercedes-Benz L 408 G mit kurzem Radstand. Das elfenbeinfarbene Fahrzeug wurde unter Erhalt des Spender-Logos in Tagesleuchtfarbe rot (RAL 3024) und weiß lackiert. Zusätzlich wurde auf dem Fahrzeugdach eine Martin-Kompressor-Horn Anlage montiert. Um den RTW auch als Reserve-NAW einsetzen zu können, musste die bestehende Inneneinrichtung durch zusätzliche Gerätehalterungen ergänzt werden.

Den endgültigen Anschub für die Einrichtung eines flächendeckenden, 24 Stunden einsatzbereiten Notarztdienstes in Hamburg gab dann eine private

Der erste Notarztwagen der Feuerwehr Hamburg am Allgemeinen Krankenhaus St. Georg. Ein vorhandener Großunfallwagen Mercedes-Benz L 319 B, 1965 vom Karosseriewerk Herrmann aus Hamburg ausgebaut.

Initiative. 1972 verzichteten die Mitarbeiter des Axel Springer Verlages auf ihre Betriebsfeier und stifteten aus den damit eingesparten Mitteln der Feuerwehr Hamburg einen Notarztwagen. Der NAW wurde am 22. März 1972 im AK St. Georg stationiert. Binz baute den NAW auf einem Mercedes-Benz L 408 G mit mittellangem Radstand. Als Fahrertür wurde eine Schiebetür verwendet. Lackiert war der NAW in Tagesleuchtfarbe Rot (RAL 3024), die vorderen Kotflügel, die hinteren Karosserieecken, die Stoßfänger und das Dach waren weiß. Auf den hinteren Krankenraumtüren befand sich ein weißes retroreflektierendes Folienschild mit roter Umrandung und dem schwarzen Schriftzug „Feuerwehr". Kurz nach der Indienststellung wurde an beiden Seitenwänden zusätzlich zu dem Notrufschild ein weißer Schriftzug „Notarztwagen" angebracht. Neben der Martin-Kompressor-Horn Anlage wurde erstmals eine elektronische Warnanlage von Wandel & Goltermann mit einem Dachlautsprecher installiert. Erstmalig wurde als Tragentisch ein schwingungsdämpfender Schwebetisch eingebaut. Dieses Tragentisch-Modell „Vleugelbrancard" war von der Technischen Universität Delft, Niederlanden, entwickelt worden. Die übliche medizinische Ausrüstung ergänzten ein festeingebautes Narkosekreisteil Typ Dräger und ein Herz-Lungen-Wiederbelebungsgerät Typ Hellige.

Darüber hinaus wurde das Fahrzeug mit einer weit über die Norm hinaus gehenden Ausstattung geliefert. Dazu gehörten umfangreiches Rettungswerkzeug, ein Elektro-Trennschleifgerät, ein 5-kVA-Stromerzeuger, tragbare Infrarotstrahler und eine transportable Operationsfeldleuchte sowie ein Transportinkubator. Diese Ausrüstung war in einem von außen zugänglichen Geräteraum auf der Fahrerseite untergebracht. Im Einsatzdienst wurde jedoch aus Gewichtgründen dort nur eine reduzierte Ausrüstung einschließlich einer Vakuummatratze mitgeführt. Nach einem Eigenunfall am 21. Juni 1973 wurde das Fahrzeug neu aufgebaut, wobei die zusätzliche Geräteraumtür jedoch entfiel.

Der zweite Notarztwagen wurde am 16. April 1974 am Allgemeinen Krankenhaus (AK) Harburg in Dienst gestellt. Binz verwendete für seinen Aufbau das gleiche Fahrgestell Mercedes-Benz L 408 G.

Da sich das große Raumangebot bewährt hatte, blieb man auch bei allen weiteren Beschaffungen beim mittellangen Radstand. Jedoch wurden bei den weiteren Fahrzeugen statt Benzinmotoren Dieselmotoren bestellt.

Der dritte Notarztwagen, ein Mercedes-Benz L 508 D mit Binz-Ausbau, ging am 10. Februar 1975 im AK Altona in Dienst.

Mit der Stationierung eines vierten Notarztwagens am 16. April 1976 im AK Wandsbek war der geplante Ausbau eines flächendeckenden Notarztdienstes beendet. Für diese Station wurde ebenfalls ein Mercedes-Benz L 508 D mit Binz-Ausbau beschafft.

Die Feuerwehr Hamburg beteiligte sich 1979 am Feldversuch des sogenannten Rettungswagens der achtziger Jahre, den die Sportwagenfirma Porsche im Auftrag des Bundesministers für Forschung und Technologie unter dem Namen SAVE (Schnelle Ambulante Vorklinische Erstversorgung) entwickelt hatte. Der SAVE bestand aus einem Trägerfahrgestell und einem abnehmbaren GfK-Koffer. Das Trägerfahrzeug war ein Mercedes-Benz 208 mit 85 PS. Das Fahrzeug hatte ein schlechtes Fahrverhalten und war zu schwach motorisiert. Die Auffälligkeit im Straßenverkehr konnte auch durch Teillackierungen in Tagesleuchtfarbe Rot nicht genügend verbessert werden. Der Koffer enthielt zudem zahlreiche konzeptionelle und fertigungstechnische Mängel. Die Erprobung an verschiedenen NAW-Stationen wurde daher nach einem halben Jahr beendet.

In den folgenden Jahren gab es dann nur Ersatzbeschaffungen für vorhandene Notarztwagen. Den Ausbau der weiteren NAW fertigte Miesen. Von 1980 bis 1982 wurden insgesamt fünf ausbaugleiche, erstmals mit Automatikgetriebe ausgestattete NAW beschafft. Die Fahrertür war jetzt die serienmäßige Drehtür. Bei diesen NAW waren nur noch das Dach und die Stoßfänger weiß lackiert. Die Beschriftung blieb unverändert. Die Fahrzeuge waren darüber hinaus mit drei Bosch-Rundumkennleuchten ausgestattet. Ausgeliefert wurden drei Mercedes-Benz L 508 D sowie zwei leistungsstärkere L 613 D. Letztere erhielten die NAW-Stationen AK Altona und AK Harburg wegen der längeren Autobahnabschnitte in ihren Einsatzgebieten. Alle fünf NAW waren mit einer hinten auf dem Fahrzeugdach angeordneten Klimaanlage Typ Behr ausgerüstet. Diese bewährte sich jedoch nicht und wurde daher später demontiert.

1985 und 1986 wurden dann drei weitere NAW Mercedes-Benz L 613 D mit Miesen Ausbau beschafft. Seit dieser Baureihe entfielen die Klimaanlage, das Narkosekreisteil und das Herz-Lungen-Wiederbelebungsgerät. 1988 wurde dann der erste Notarztwagen auf der Basis des neuen Mercedes-Benz

1971 ein Geschenk für alle Bundesländer von der Rettungsdienststiftung Björn Steiger e.V.: Ein von Binz ausgebauter Rettungswagen Mercedes-Benz L 408 G. In Hamburg erhielt er zunächst die entsprechende Lackierung und wurde dann zeitweise auch als NAW eingesetzt.

Eine Spende der Belegschaft des Axel-Springer Verlages 1972 als Anstoß zur Einführung eines flächendeckenden Notarztdienstes. Ein von Binz ausgebauter Notarztwagen auf einem Mercedes-Benz L 408. Beachtenswert der mittellange Radstand, die Schiebetür auf der Fahrerseite und der seitliche Geräteraum.

Ein halbes Jahr lang 1979 an verschiedenen Notarztstationen getestet: ein NAW des Systems SAVE auf dem Basisfahrzeug Mercedes-Benz 208. Für diesen Versuch in Hamburg Lackierung der Fahrzeugfront in Tagesleuchtfarbe (RAL 3024).

Ein Notarztwagen auf Mercedes-Benz L 613 D, Baujahr 1982. 1980 bis 1982 lieferte Miesen insgesamt fünf ausbaugleiche NAW mit Klimaanlage von Behr, drei auf dem Fahrgestell L 508 D sowie zwei auf dem L 613 D, alle erstmals mit Automatikgetriebe.

711 D beschafft. Anstelle der Schiebetür beim serienmäßigen Kastenwagen war hier eine Drehtür als seitliche Krankenraumtür eingebaut. Dieser NAW hatte jetzt vier an den Dachecken montierte blaue Doppelblitzleuchten von Kranefeld. Der Ausbau stammte von Miesen. Eingesetzt wurde dieser NAW am AK Altona. 1990 erfolgte die Nachrüstung mit blauen Frontblitzleuchten, die von diesem Zeitpunkt an bei allen Neufahrzeugen Standard wurden.

Am 28. Juni 1988 nahm am Berufsgenossenschaftlichen Unfallkrankenhaus Hamburg (BUKH) die fünfte Notarztwagen-Station ihren Betrieb auf. Erster NAW war dort ein Reservefahrzeug der Baureihe 1985-1986. Ersetzt wurde dieser durch einen der beiden 1989 gelieferten, mit dem 1988 gelieferten Mercedes-Benz 711 D baugleichen NAW.

Am 1. Oktober 1990 ging die sechste Notarztwagen-Station am AK Barmbek mit einem Reservefahrzeug Baujahr 1985 in Betrieb. Dieses wurde 1992 durch ein Neufahrzeug ersetzt.

Ende 1990 wurde der letzte baugleiche NAW auf Mercedes-Benz 711 D mit Miesen-Ausbau beschafft. Äußerlich unterschied er sich jedoch aufgrund der Beklebung und Beschriftung mit weißen, retroreflektierenden Folien erheblich von den Vorgängermodellen. Erstmals wurden hier als optische Warnanlagen vorne und hinten auf dem Fahrzeugdach montierte Blaulicht-Blitzbalken Typ Kranefeld verwendet.

1992 erhielt dann Binz den Auftrag zum Ausbau von zwei Notarztwagen Mercedes-Benz 711 D. Einer der beiden Fahrzeuge hatte erstmalig als seitliche Krankenraumtür die serienmäßige Schiebetür, während bei dem zweiten NAW weiterhin eine Drehtür eingebaut war. Auffallend war bei beiden NAW das über der Frontscheibe angebrachte Transparent mit dem Schriftzug „Notarzt". Diese beiden Notarztwagen waren auch die ersten Rettungsdienstfahrzeuge der Feuerwehr Hamburg, die mit Fahrtragen ausgestattet wurden. Zur Verbesserung des Fahrkomforts waren luftgefederte Hinterachsen der Wuppertaler Firma Clerk eingebaut. Die Verbesserung der Fahreigenschaften war jedoch nicht überzeugend, so dass bei späteren Beschaffungen wieder von der Luftfederung abgegangen wurde.

1988 und 1989 die ersten NAW auf dem neuen Mercedes-Benz 711 D von Miesen für die Feuerwehr Hamburg. Auffällig die vier Doppelblitzleuchten von Kranefeld. Nachrüstung der Frontblitzleuchten 1990 im Rahmen eines Feldversuches. Als Besonderheit die Drehtür als seitliche Krankenraumtür anstatt der serienmäßigen Schiebetür.

Erstmals Beklebung und Beschriftung mit weißer retroreflektierender Folie. Der letzte von Miesen 1990 ausgebaute Mercedes-Benz 711 D. Als optische Alarmanlage zwei Blitzbalken von Kranefeld.

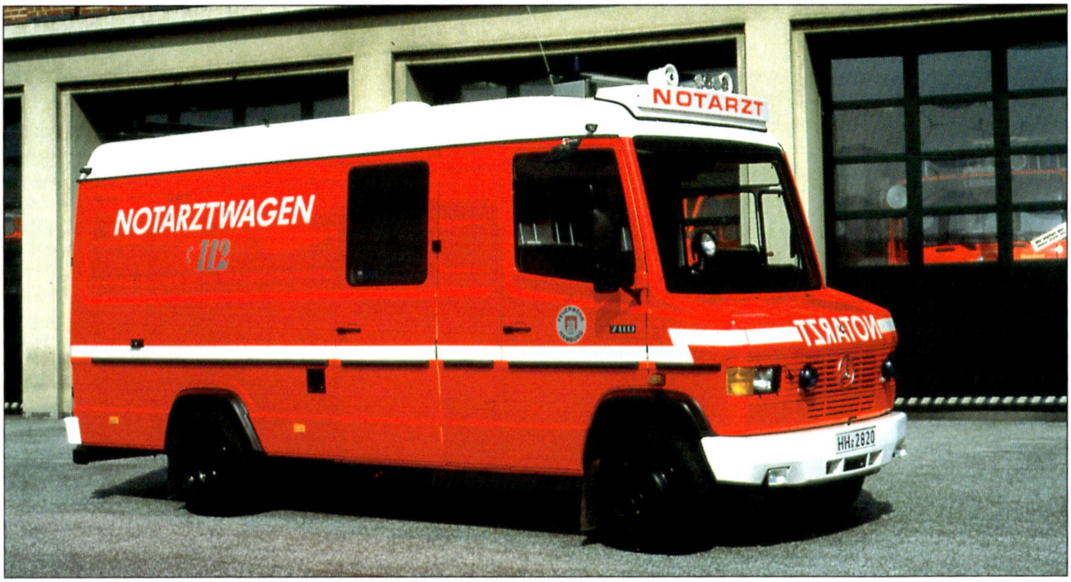

1992 zwei von Binz ausgebaute Mercedes-Benz 711 D. Auffällig das Transparent über der Frontscheibe. Unterscheidung beider Fahrzeuge hinsichtlich der seitlichen Krankenraumtür. Ein NAW mit Drehtür (Foto), der andere mit serienmäßiger Schiebetür.

Am 15. Februar 1993 wurde der siebte Notarztwagen an der Feuer- und Rettungswache Rotherbaum in Dienst gestellt. Die Notärzte stellt das Universitätsklinikum Hamburg-Eppendorf. Der Dienst wurde hier mit einem Reservefahrzeug Baujahr 1986 aufgenommen.

1993 baute Hospimobil vier Notarztwagen Mercedes-Benz 814 D aus. Als akustische Warnanlage war bei Auslieferung nur eine elektronische Warnanlage von Kranefeld mit zwei Lautsprechern im Kühlergrill eingebaut. Diese Anlagen bewährten sich hinsichtlich ihrer Warnwirkung im Straßenverkehr nicht, so dass alle vier Fahrzeuge mit Martin-Kompressor-Hörnern nachgerüstet wurden. Das erste Fahrzeug dieser Baureihe ging an die Feuer- und Rettungswache Rotherbaum. Bei den drei weiteren Fahrzeugen wurde statt dem bisher üblichen Schriftzug „Notarztwagen" nur noch der Schriftzug „Notarzt" angebracht.

Die letzen drei Notarztwagen für die Feuerwehr Hamburg lieferte 1995 WAS. Ausgebaut wurden Mercedes-Benz 714 D mit Automatikgetriebe und erstmalig mit Retarder. Diese NAW hatten jetzt eine Beklebung und Beschriftung mit gelber, retroreflektierender Folie. Als optische Warnanlage diente eine TOPas von Wandel & Goltermann, an den beiden hinteren Dachecken waren zusätzlich kleine Rundumkennleuchten montiert.

Von Juli bis Dezember 1995 fuhr nacheinander an drei Notarztwagen-Stationen (Altona, Harburg, St. Georg) versuchsweise ein Notarzt-Einsatzfahrzeug (NEF). Gefahren wurde mit einem 1995 gelieferten Einsatzleitwagen VW T 4 (85-kW-Benzinmotor). Um kostenneutral einen dringend notwendigen zusätzlichen Notarztstandort im Hamburger Norden einrichten zu können, fiel die Entscheidung, neben diesem neuen Standort auch drei der bestehenden Notarztwagen-Stationen (Altona, BUKH und Harburg) mit NEF statt NAW auszustatten.

Am 1. März 1997 nahm dann der achte Notarztwagenstandort seinen Dienst an der Feuer- und Rettungswache Sasel auf. Die Notärzte stellte das AK Ochsenzoll, jetzt das Klinikum Nord. Sowohl hier, als auch an den Stationen Altona und Harburg wurden als NEF die drei vorhandenen Einsatzleitwagen VW T 4 des Führungsdienstes eingesetzt. Von der Firma Ambulanz Mobile Schönebeck (AMS) waren zuvor die notwendigen zusätzlichen Gerätehalterungen eingebaut worden. Am Standort Berufsgenossenschaftliches Unfallkrankenhaus fuhr zunächst ein Vorführfahrzeug des Volkswagenwerkes vom Typ VW Sharan. Im April 1997 stand dann ein von AMS ausgebauter Mercedes-Benz Vito 110 D mit Automatikgetriebe zur Verfügung. Auch hier handelte es sich um ein Vorführfahrzeug, welches dann 1998 von der Feuerwehr Hamburg gekauft wurde und seither als

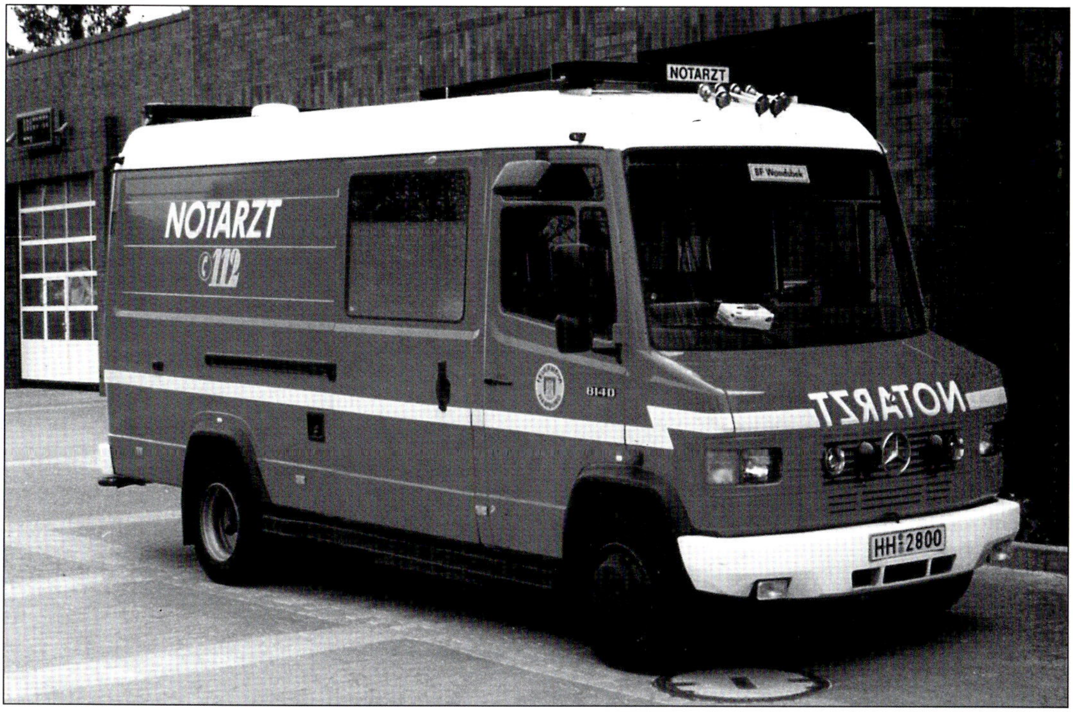

1993 vier Mercedes-Benz 814 D von Hospimobil ausgebaut. Auffällig die verchromten Lautsprecher der akustischen Warnanlage im Kühlergrill, sowie bei den drei zuletzt gelieferten NAW dieser Baureihe der seitliche Schriftzug „Notarzt" anstatt „Notarztwagen".

Die letzten drei NAW der Feuerwehr Hamburg Ende 1995 von WAS. Ausstattung der Mercedes-Benz 714 D mit einer Alarmanlage TOPas von Wandel & Goltermann. Erstmalig eine Beklebung und Beschriftung mit gelber retroreflektierender Folie.

Reserve-ELW und -NEF verwendet wird. Die Beklebung und Beschriftung mit gelber retroreflektierender Folie war bereits im Mai 1997 erfolgt.

Ende 1997 konnten dann alle NEF-Stationen neue Fahrzeuge vom Typ VW T 4 (85-kW-Benzinmotor) mit Automatikgetriebe und AMS-Ausbau in Dienst nehmen. Ein fünftes geliefertes NEF wurde als Reserve vorgehalten. Als weitere Reserve-NEF standen der Mercedes-Benz Vito und ein Volvo Einsatzleitwagen zur Verfügung. Letzterer erhielt für diesen Einsatzzweck einen neuen Innenausbau und eine Alarmanlage RTK 6-SL von Hella. 2000 mussten zwei VW T 4 nach Eigenunfällen ausgemustert werden.

Ende 1999 fiel dann die Entscheidung, aus Kostengründen die laufende Planung zur Beschaffung neuer Notarztwagen zu stoppen und auch an den verbliebenen vier Notarztstandorten zum 1. Januar 2000 statt NAW zukünftig NEF einzusetzen. Da aber eine Beschaffung von Neufahrzeugen so kurzfristig nicht möglich war, mussten zunächst weiterhin die vorhandenen NAW eingesetzt werden. Die Mitnahme von Patienten war jedoch nicht mehr zulässig, und die Besatzung wurde entsprechend NEF um einen Rettungsassistenten reduziert.

Ende 2000 konnten dann acht baugleiche Notarzt-Einsatzfahrzeuge VW T 4 TDI (75 kW) mit Automatikgetriebe in Dienst gestellt werden. Den Innenausbau der mit zwei Schiebetüren ausgestatteten Fahrzeuge nahm die Firma Binz Umwelttechnik/Ilmenau vor. Diese NEF sind die ersten Rettungsdienstfahrzeuge in Hamburg, bei denen weiße Basisfahrzeuge statt einer entsprechenden Lackierung eine Folienbeklebung erhielten. Um die Umrüstzeiten bei notwendigen Fahrzeugwechseln zu verkürzen, befindet sich die Ausrüstung in einem durch die Heckklappe entnehmbaren Wechselmodul. Die verbliebenen drei NEF der Baureihe 1997 können nach entsprechendem Umbau jetzt auch diese Wechselmodule aufnehmen. Um die Anfahrt zu örtlich nicht genau bekannten Einsatzorten zu erleichtern, wurde ein Navigationssystem Typ Blaupunkt Travel Pilot installiert. Im Mai 2001 wurden alle NEF zur Standorterkennung mit GPS ausgestattet.

Für den Transport von Intensiv-Transportinkubatoren im Rahmen des Neugeborenen-Notarztdienstes wurde am 8. Februar 1993 ein spezieller Baby-Notarztwagen (BNAW) an der Feuer- und Rettungswache Veddel in Dienst gestellt. Es handelt sich bei dem BNAW um ein reines Inkubator-Transportfahrzeug, ein Einsatz zu sonstigen kindlichen Notfällen ist nicht vorgesehen. Hospimobil baute für diesen Zweck einen Ford Transit FT 150 (59-kW-Dieselmotor) mit Automatikgetriebe aus. Der Tragentisch ist hinter der Trennwand zum Fahrerraum quer zur Fahrtrichtung eingebaut. Zur Verbesserung des Fahrkomforts besitzt der BNAW niveauregulierende Stoßdämpfer. Die aufnehmende Kinderklinik stellt Kinderarzt, Kinderkrankenschwester, Transportinkubator

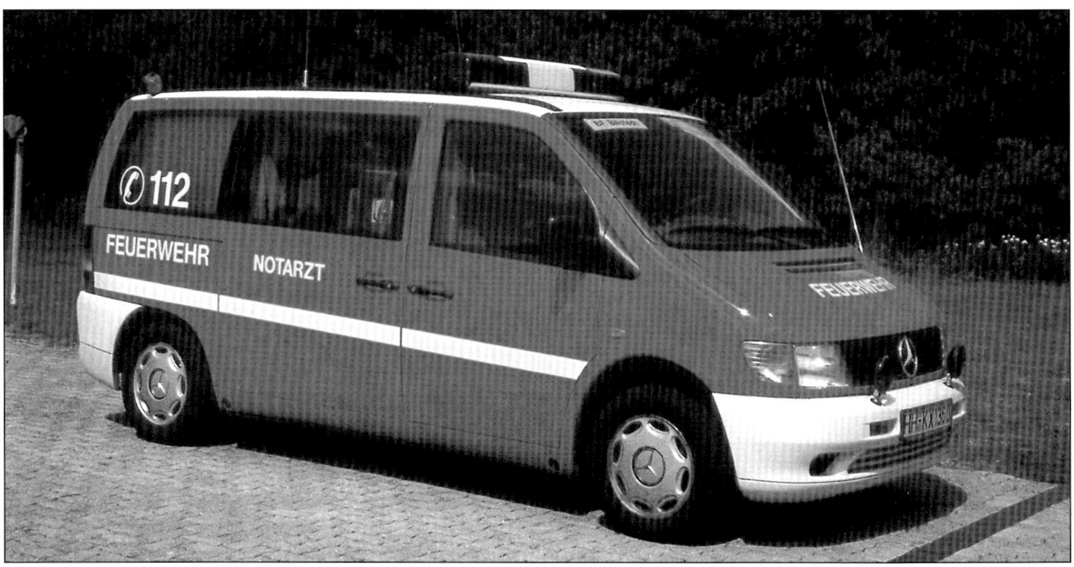

Von April bis Dezember 1997 als NEF am Berufsgenossenschaftlichen Unfallkrankenhaus: Ein von Ambulanzmobile Schönebeck (AMS) ausgebautes Mercedes-Benz Vorführfahrzeug Vito 110 D. Erst 1998 von der Feuerwehr Hamburg gekauft.

Im Dezember 1997 konnten fünf baugleiche NEF in Dienst gestellt werden. Ausbau der Volkswagen T 4 (85-kW-Benzinmotor) durch AMS.

und die mobile medizinische Ausrüstung. Um auch bei Einsätzen im Hamburger Umland eine stete Erreichbarkeit sicherzustellen, ist das Fahrzeug mit einem Mobiltelefon ausgestattet. Als Ersatz wurde einer der 20 von NFW 1998 gelieferten RTW Mercedes-Benz 412 D Sprinter speziell für den Inkubatortransport ausgerüstet. Grundausbau und -ausstattung des RTW-ISI entsprechen dem der übrigen RTW dieser Baureihe. Damit ist auch jederzeit ein Einsatz als normaler RTW möglich. Die speziellen Ausbauten umfassen eine luftgefederte Hinterachse, eine zusätzliche Druckluftversorgung im Krankenraum, ein Navigationssystem Typ Blaupunkt Travel Pilot und ebenfalls ein Mobiltelefon.

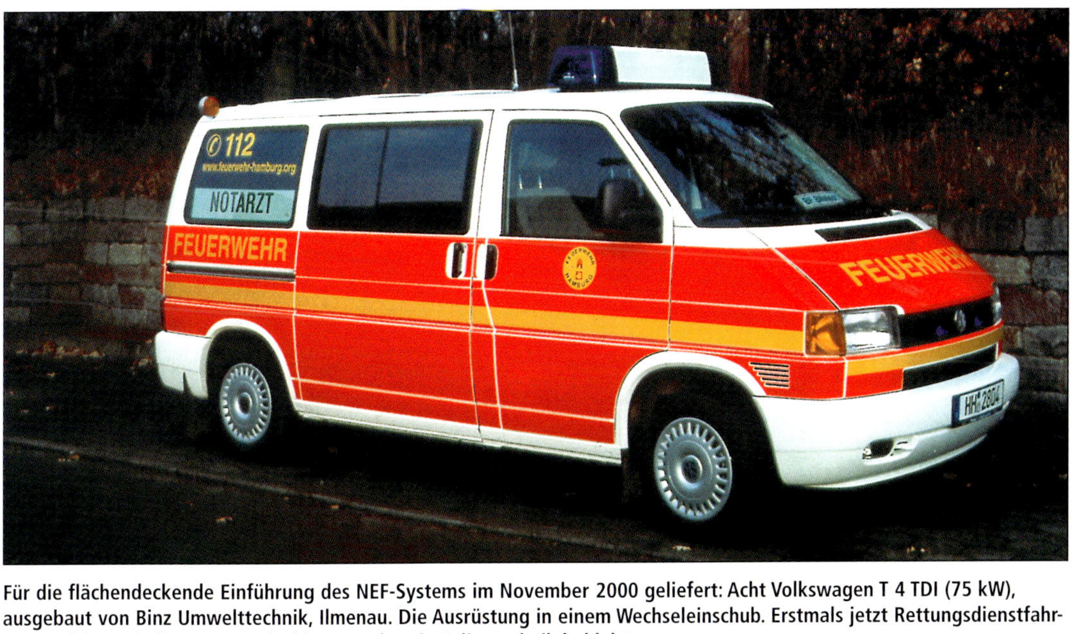

Für die flächendeckende Einführung des NEF-Systems im November 2000 geliefert: Acht Volkswagen T 4 TDI (75 kW), ausgebaut von Binz Umwelttechnik, Ilmenau. Die Ausrüstung in einem Wechseleinschub. Erstmals jetzt Rettungsdienstfahrzeuge nicht mehr in RAL 3024 lackiert, sondern in Folientechnik beklebt.

Für den Neugeborenen-Notarztdienst von Hospimobil 1992 zum Baby-Notarztwagen ausgebaut. Ein Ford FT 150 (59-kW-Dieselmotor).

Nachfolger des Baby-Notarztwagens 1998: Ein Rettungswagen-Inkubatortransport (RTW-ISI). Ein von NFW ausgebauter Mercedes-Benz 412 D. Beachtenswert die luftgefederte Hinterachse.

Neue Rüstfahrzeuge im Breisgau

von Urs Weber

Zwei interessante Neufahrzeuge für die technische Hilfeleistung konnten im vergangenen Jahr im Kreis Breisgau - Hochschwarzwald in Dienst gestellt werden.

Zum einen handelt es sich dabei um einen RW 2 bei der FF Müllheim, zum anderen um einen VRW bei der FF Bad Krozingen.

Zuerst soll auf den RW 2 in Müllheim, an der südlichen Kreisgrenze, eingegangen werden. Hierbei handelt es sich um einen MAN 14.284 mit Aufbau der Firma Magirus aus Weisweil. Das Fahrzeug der Stützpunkt- und Gefahrgutwehr rückt laut Ausrückeordnung im Rüstzug (VRW, TLF, 16/25, RW 2) und im Gefahrgutzug (GW-Mess, TLF 24/50, GW-G2, RW 2) aus. Zusätzlich dient es als eines der Einsatzfahrzeuge der Höhenrettungsgruppe.

Um diesen zahlreichen Aufgaben gerecht zu werden, wurde das Fahrzeug über die bestehende Norm hinaus ausgestattet. Aufgrund der Anforderungen im Gefahrgutbereich ist eine Gefahrgutumfüllpumpe mit den zugehörigen Gerätschaften vorhanden. Anstatt eines 5-kVA-Erzeugers, hat der RW einen 11-kVA-Stromerzeuger.

Im Bereich der Technischen Hilfeleistung sind neben der Normausstattung auch ein LKW-Rettungsgerüst, ein Dreibock zum Retten aus Schächten und eine Multi-Cut-Säge zum Zerschneiden von ICE-Scheiben vorhanden. Ebenfalls neu mit Blick auf das Vorgängerfahrzeug ist eine Umlenkrolle, die von der Deutsch-Französischen Brigade gestiftet wurde, als auch eine festeingebaute Pressluftanlage zum Betreiben von Hebekissen.

Der Brandschutz wird von Seiten des RW ausser einem Feuerlöscher mit einem High-Press-Schaumlöscher anstatt einer Kübelspritze sicher gestellt.

Der RW2 der FF Müllheim fällt durch Farbdesign und Beschriftung äußerlich auf.

Der AluFire-Aufbau von Magirus bietet übersichtliche Geräteräume.

Heckansicht des RW 2.

Schere und Spreizer von Weber-Hydraulik.

Sollte der Einsatz im Kalten stattfinden oder ein geschütztes Umziehen im GSG-Einsatz nötig sein, so steht ein Schnelleinsatz-Zelt auf dem RW zur Verfügung.

Um nach Unfällen die verunreinigte Fahrbahn zu reinigen, kann auf einen Kärcher-Hochdruckreiniger zurückgegriffen werden. Ebenso sind ein Wassersauger und ein Hochleistungslüfter (variabel austauschbar) vorhanden.

Eine weitere Neuerung ist die gelbe Beschriftung, die per Folie aufgetragen wurde. Die Grundfarbe ist dabei Leuchtrot (RAL 3024).

Das zweite neue Einsatzfahrzeug versieht seinen Dienst im etwa 15 Kilometer nördlich gelegenen Bad Krozingen. Hierbei handelt es sich um einen VRW von Daimler-Chrysler Typ 300 GD mit Ausbau von Ziegler.

Auch in Bad Krozingen versieht das Fahrzeug seinen Dienst im Rüstzug (VRW, TLF 24/50, RW 2), der auf einem Streckenabschnitt von 25 Kilometern auf der Rheintalautobahn A5 ausrückt.

Schon optisch fällt der Neue mehr auf als sein Vorgänger (Range-Rover, Baujahr 1977). Beschafft wurde das Fahrzeug in Reinweiss, Schnitzler-Design aus Freiburg beklebte das Fahrzeug in leuchtroten Folien. Diese Lösung war rund DM 3.000,- billiger als eine Lackierung in Leuchtrot, und zudem ist das Fahrzeug durch die weissen Flächen besser sichtbar. Als Warneinrichtung wurde eine RTK 6SL mit Weitblitz und Blitzlichtern (keine Gegenflektion im Nebel) montiert.

Neben den üblichen VRW-Geräten (Weber-Rettungssatz, 5-kW-Dynawatt-Anlage) ist nun auch eine elektrische Kettensäge vorhanden. Bei einem Eigenunfall wird die Besatzung (1+2) durch Plexi-Panzerglas-Scheiben, anstatt einem Gitterkäfig geschützt.

Das Fahrzeug selbst ist ebenfalls ein Schritt nach vorne: ABS, ASR, ESP und eine 5-Gang-Automatik sind ebenso vorhanden wie eine Freisprechanlage.

Die beiden ausgesonderten Fahrzeuge aus Müllheim (MB/Bachert, Baujahr 1972) und Bad Krozingen (Range-Rover, Baujahr 1977) gingen über das Landratsamt an den befreundeten Bezirk Sissak in Kroatien, wo beide heute eine große Hilfe bei Unfällen darstellen.

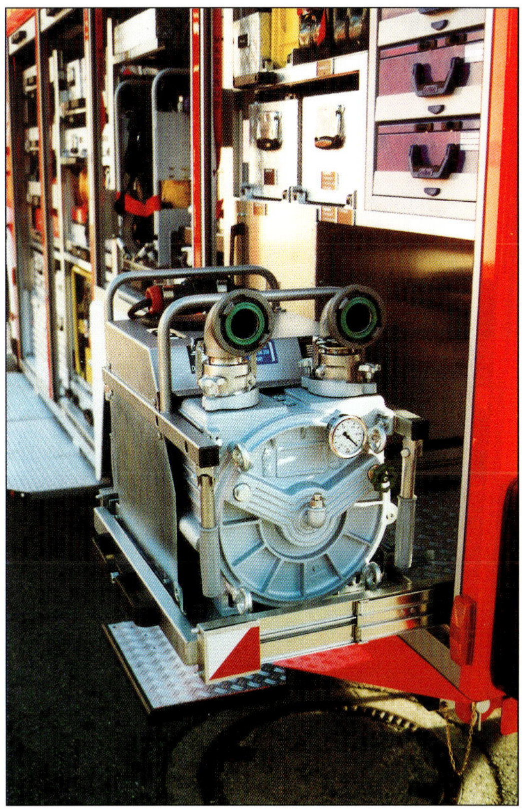

Gefahrgutumfüllpumpe im Geräteraum G7.

Der Vorausrüstwagen der FF Bad Krozingen.

Heckansicht des VRW bei geöffneter Klappe.

Neues von Bronto Skylift in Deutschland

von Manfred Gihl

Vor 16 Jahren, 1985, wurde in Deutschland der erste Bronto Skylift-Gelenkmast in Dienst genommen. Er stellte gleichzeitig einen deutschen (inzwischen überbotenen) Höhenrekord auf: das Modell 50 3T3, aufgebaut auf dem vierachsigen Magirus-Deutz-Fahrgestell MD 310 D 28 FK (8x4), erreichte eine maximale Arbeitshöhe von 51,50 Metern. Auftraggeber war die WF Deutsche Shell in Köln-Godorf, bei der sich der Gelenkmast heute noch im Einsatzdienst befindet.

Gelenkmastbühnen unter der Modellbezeichnung Bronto gibt es seit 1972. Sie wurden von der finnischen Firma Telinekeskus in Tampere gebaut. Nach dem Zusammenschluss mit dem in Turku ansässigen Unternehmen Nummela im Jahre 1984 zur Firma Oy Bronto Skylift werden die Gelenkmast- bzw. Teleskopmastbühnen unter dem zugkräftigen Namen Bronto Skylift vertrieben. Inzwischen ist dieses Unternehmen zum Marktführer in Europa aufgestiegen und exportiert seine Hubrettungsgeräte weltweit. Die Deutschland-Vertretung besitzt die Firma Albert Ziegler in Giengen an der Brenz.

Nach dem spektakulären Anfangserfolg im Jahre 1985 konnte Bronto Skylift in Deutschland bis 1998 insgesamt noch 31 Gelenkmasten verkaufen, und zwar 18 an Werkfeuerwehren (darunter zwei an Betriebsfeuerwehren in der ehemaligen DDR), drei an Flughafenfeuerwehren und elf an Freiwillige Feuerwehren. Danach entwickelte sich das Land Branden-

Den zweiten Bronto Skylift im Land Rheinland-Pfalz (nach der FF Landau), Modell F 32 MDT 2000, erhielt 2000 die FF Rockenhausen. Es handelt sich um ein Vorführfahrzeug aus 1999. Das Fahrgestell ist ein MAN 15.264 LC.

Die BF Chemnitz ist derzeit Höhenrekordhalter unter den kommunalen Feuerwehren: der Bronto Skylift F 42 HDT 2000 wurde bereits bei der Interschutz 2000 auf dem Ziegler-Stand gezeigt. Das Fahrgestell ist ein Mercedes-Benz Econic 2628 L/LNA mit einer mitlenkenden Hinterachse.

burg zum Standort der meisten Bronto Skylifts in Deutschland, wohl nicht zuletzt auch deshalb, weil hier nicht nur Drehleitern, sondern auch Gelenkmastbühnen bezuschusst werden. So sind seit 1996 bei den Freiwilligen Feuerwehren Neuruppin, Bernau, Senftenberg, Lübben, Rüdersdorf, Nauen und Pritzwalk Gelenkmast- bzw. Teleskopmastbühnen im Einsatz. Das am meisten verlangte Modell war das Modell F 32 MDT.

Während der Interschutz 2000 in Augsburg zeigte die Firma Bronto Skylift mehrere von deutschen Feuerwehren bestellte Gelenkmastfahrzeuge. Darunter waren das Modell F 42 HDT für die BF Chemnitz (damit der erste Bronto Skylift für eine deutsche Berufsfeuerwehr) und das GTLF 48/50/5 in Kombination mit einem W 20 WFT für die BF Essen. Im Jahrbuch 2001 wurde von diesen Neuanschaffungen bereits in Wort und Bild berichtet. Einige der ausgestellten, ständig von Besuchern umlagerten Fahrzeuge waren wegen der beengten Platzverhältnisse nur unbefriedigend zu fotografieren, weshalb sie hier teilweise nochmals gezeigt werden, jetzt am jeweiligen Standort fotografiert.

Ebenfalls während der Interschutz 2000 stellte Bronto Skylift sein neues Modell TLK 23-12 vor. Diese zweifellos nicht von ungefähr an die genormte Drehleiter DLK 23-12 angelehnte Typbezeichnung weist darauf hin, dass dieses Hubrettungsfahrzeug („Teleskop-Leiter mit Korb") u.a. bezüglich seiner äußeren Abmessungen und des Benutzungsfeldes (Ausladung, Rettungshöhe) mit der Norm-Drehleiter in Konkurrenz treten soll. So beträgt die Gesamtlänge nur etwa 8,80 Meter und die Gesamthöhe (vom Fahrgestellmodell abhängig) um 3,10 Meter. Lediglich das Dienstgewicht der TLK 23-12 liegt, bedingt durch die massiven Teleskoparme, mit um die 16.000 kg um Einiges über dem der vergleichbaren Drehleiter. Für die TLK 23-12 werden zweiachsige Fahrgestelle sowohl von Mercedes-Benz als auch MAN mit einem zulässigen Gesamtgewicht von 18.000 kg verwendet. Wie bei dem Modell F 32 MDT ist seitlich an den Teleskoparmen eine so genannte Rettungsleiter angeordnet, damit im Bedarfsfall wie bei Drehleitern ein kontinuierlicher Rettungsweg zur Verfügung steht.

Das neue Modell TLK 23-12 basiert zwar technisch auf dem bewährten Modell F 32 MDT, unterscheidet sich aber in einigen wesentlichen Merkmalen. So weist ersteres zwei statt nur einen Aufrichtzylinder, variable Abstützbreite, automatischen Geländeausgleich, einen optimierten Korb und Bedienungsstand und andere technische Detailverbesserungen auf.

Die FF Adorf/Vogtland (Sachsen) war die erste Feuerwehr, die eine TLK 23-12 bestellte und im Mai 2000 erhielt. Als Fahrgestell hatte sie den MAN 18.284 LC gewählt. Die nächsten beiden TLK 23-12 für kommunale Feuerwehren gingen noch im selben Jahr ins Land Brandenburg, und zwar im Juli 2000 zur FF Nauen (Fahrgestell Mercedes-Benz Atego 1823) und im Dezember 2000 zur FF Pritzwalk (Fahrgestell MAN 18.284 LC). Die erste Werkfeuerwehr, die sich ebenfalls für eine TLK 23-12 anstelle einer Drehleiter entschied, war die Volkswagenwerk AG in Wolfsburg im Jahre 2000. Als Fahrgestell kam hier natürlich nur ein MAN 18.284 LC in Frage. Weitere TLK 23-12 wurden im Laufe des Jahres 2001 an die FF Germersheim und die FF Saarlouis sowie die WF BMW in München geliefert. Die TLK 23-12 der FF Saarlouis ist übrigens auf dem Mercedes-Benz Econic 1828 L aufgebaut – eine Premiere.

Die von 1999 bis 2001 nach Deutschland gelieferten Bronto Skylift Gelenk- bzw. Teleskopmasten zeigt die Tabelle. Darunter ist noch das mit dem F 54 HDT kombinierte SLF 60/10/20 der WF Boehringer, Ingelheim, bemerkenswert, dessen Ablieferung bis Ende dieses Jahres erwartet wird.

Ebenfalls während der Interschutz 2000 vorgestellt wurde das GTLF 48/50/5-5 mit Bronto Skylift WFT 20 der BF Essen. Der Löscharm erreicht eine Höhe von 20 Metern. Fahrgestell ist ein Mercedes-Benz Actros 2540 L (6x2/2) mit mitlenkender Hinterachse. Löscheinrichtungen: FP 48/8 mit Hochdruckteil, 5000 Liter Wasser, 500 Liter AFFF, Pulverlöschanlage PLA 500 (Minimax).

Die zweite deutsche (nach der FF Adorf/Vogtland) Bronto Skylift TLK 23-12 erhielt im Juli 2000 die FF Nauen (Brandenburg). Sie entschied sich für das Fahrgestell Mercedes-Benz Atego 1823 F.

Die dritte Bronto Skylift TLK 23-12 nahm im Dezember 2000 die FF Pritzwalk (ebenfalls Brandenburg) in Dienst. Das Fahrgestell ist hier ein MAN 18.284 LC.

Die WF Volkswagenwerk in Wolfsburg beschaffte 2000 diese Bronto Skylift TLK 23-12 auf dem MAN-Fahrgestell 18.284 LC.

Im Mai 2001 nahm die FF Jessen (Sachsen-Anhalt) einen Bronto Skylift F 27 HDT in Dienst. Die neue Bezeichnung dieses MAN-Fahrgestells lautet LE 280 B (früher: 18.285 LC).

Die erste Bronto Skylift TLK 23-12 auf einem Mercedes-Benz Econic 1828 L ist seit April 2001 bei der FF Saarlouis (Saarland) im Einsatzdienst.

Nach Deutschland gelieferte Bronto Skylift 1999 bis 2001

Jahr	Feuerwehr	Typ	Fahrgestell	Bemerkungen
1999	FF Arnstorf	F 32 MDT	MAN 15.264	
1999	FF Rockenhausen	F 32 MDT	MAN 15.264	
2000	BF Essen	W 20 WFT	MB Actros 2540 L	Kombination mit GTLF 48/50/5
2000	WF BSL/VSU Böhlen	F 32 HDT	MAN 26.430	Kombination mit SLF 60/10/20
2000	BF Chemnitz	F 42 HDT	MB Econic 2628 L/NLA	mit Nachlaufachse
2000	FF Adorf	TLK 23-12	MAN 18.284 LC	
2000	FF Nauen	TLK 23-12	MB Atego 1823 F	
2000	FF Pritzwalk	TLK 23-12	MAN 18.284 LC	
2000	WF VW, Wolfsburg	TLK 23-12	MAN 18.284 LC	
2001	FF Jessen	F 27 HDT	MAN LE 280 B	
2001	WF Flughafen Dresden	F 27 RLH	MAN 33.414 DFALC	Kombination mit TLF 28/35-5
2001	WF ELENAC, Wesseling *	F 32 HDT	MAN 33.364 DFC	Kombination mit SLF 60/10/20
2001	FF Germersheim	TLK 23-12	MB Atego 1828 F	
2001	WF BMW, München	TLK 23-12	MB Econic 1828 L	
2001	FF Saarlouis	TLK 23-12	MB Econic 1828 L	
2001	WF Boehringer, Ingelheim	F 54 HDT	MB Actros 3343 6x4/2	Kombination mit SLF 60/10/20

* jetzt: Basell Polyolefins

Die ersten Automobile der Pariser Feuerwehr

Von Manfred Gihl

Den ersten automobilen Drei-Fahrzeug-Löschzug der Welt hatte die BF Hannover am 19. Februar 1902 in Dienst genommen. Zwei Fahrzeuge, die Gasspritze und der Hydrantenwagen, besaßen batterie-elektrischen Antrieb, die Dampfspritze wurde mit Dampf angetrieben. Die ersten benzinautomobilen Feuerwehrfahrzeuge in Deutschland waren 1906 eine Gasspritze der FF Grunewald und 1907 eine Motorspritze der BF Frankfurt. Soweit ist der Beginn der Motorisierung der deutschen Feuerwehren allgemein bekannt. Dass aber die Pariser Feuerwehr bereits zwei Jahre vor der Jahrhundertwende einen 3-PS-Daimlerwagen erprobte und am 1. Juni 1899 ein Elektrofahrzeug in Dienst stellte und damit in der Automobilisierung eine Vorreiterrolle in Europa übernahm, ist in Feuerwehrkreisen weniger bekannt. Mit diesem Beitrag und den zeitgenössischen, fast 100 Jahre alten Fotos, die erstaunlich gut erhalten sind und noch nie veröffentlicht wurden, soll an die Pionierarbeiten des Régiment des Sapeurs-Pompiers, deren Bildung auf ein Dekret von Napoleon I. im Jahre 1811 zurückgeht, erinnert werden.

Im Jahre 1901 verfügte die Pariser Feuerwehr über den ersten elektromobilen Drei-Fahrzeug-Löschzug der Welt. Er bestand aus zwei Motorspritzen („Fourgon electrique automobile") und einer abprotzbaren Schiebleiter („Porteur d'echelle automobile"). Die technische Grundkonzeption war ein

Erstes Feuerwehrfahrzeug mit Elektroantrieb („Fourgon electrique automobile"), gebaut 1899 in den feuerwehreigenen Werkstätten. Elektromotor von Bouquet, Garcin & Schirne, Leistung 4000 Watt. Die Akkumulatoren hatten eine Kapazität von 200 Amperestunden und wogen 620 kg. Die Höchstgeschwindigkeit betrug 19 km/h, der Fahrbereich 60 km. Ausrüstung: Elektropumpe, Wassertank 400 Liter, Schlauchlänge 40 Meter. Besatzung: 4 Mann.

Zweites elektromobiles Fahrzeug der Feuerwehr Paris, als Weiterentwicklung des Fourgon electrique von 1899. Die technische Ausrüstung entsprach weitgehend dem ersten Fahrzeug, erweitert um eine Schiebleiter, Hakenleiter und einen Luftkompressor für Atemschutzapparate. Besatzung: 6 Mann.

Werk von Major Vuilquin und Capitaine Cordier, beides Ingenieur-Offiziere des Regiments. Die Fahrzeuge wurden unter Verwendung von zugekauften Elektromotoren und Akkumulatoren in den feuerwehreigenen Werkstätten gebaut.

Wie fortschrittlich diese Elektro-Feuerwehrfahrzeuge waren, erhellt z. B. auch aus der Tatsache, dass im selben Jahr auf der Pariser Weltausstellung die Firma C.D. Magirus als Neuheit einen pferdebespannten „Löschtrain mit Tretspritze" ausstellte, von dem sich die Ulmer Firma anscheinend geschäftliche Erfolge versprach. Die Mannschaft dieses Gefährts sollte die Kolbenpumpe durch Treten pedalartiger Bretter antreiben.

Das Pariser Benzinmotorfahrzeug von Daimler wurde in der Fachpresse sehr gelobt. In der „Zeitschrift für die deutsche Feuerwehr", Ausgabe 12. Dezember 1899, lesen wir darüber:

„Mittlerweile hat Kapitän Cordiers Vehikel sich bei der Pariser Feuerwehr als eine außerordentliche Verbesserung des alten Systems erwiesen. Feuerwehroffiziere und Feuerwehrleute sind geradezu entzückt. Bei der geringsten Gelegenheit fahren sie mit der automobilen Feuerspritze aus. Das Horn der Feuerbrigade hört man an jeder Ecke, und schon kommt die automobile Feuerspritze ‚dahergetöfft'. Die alarmirten Passanten glauben, daß mindestens die Opera comique abermals in Flammen stehe und hören zu ihrer angenehmen Enttäuschung, daß die Feuerwehr nur eine automobile Spazierfahrt macht. Diese Ausfahrten haben hauptsächlich den Zweck, die Feuerwehrleute mit der Lenkung und Bedienung des modernsten aller Vehikel vertraut zu machen ... Der nach den Zeichnungen des Kapitäns Cordier fabrizierte Wagen ist vierrädrig, tief in den Achsen gebaut und von mittlerer Größe.

Der Motor ist in dem mittleren Theil des Wagens angebracht, der vorne Sitze und rückwärts Stehsitze hat. Der Benzinmotor treibt während der Fahrt das Vehikel und dann, auf dem Brandplatze, die Pumpe."

Trotz dieses überschwänglichen Berichts des deutschen, anonym gebliebenen Verfassers ging die Pariser Feuerwehr zunächst zum Elektroantrieb über, da der Benzinmotorbetrieb noch nicht die gebotene Zuverlässigkeit besaß. So entstand 1898 das erste Löschfahrzeug nach den Plänen von Vuilquin und Cordier. Der Elekromotor der Firma Bouquet, Garcin & Schirne hatte eine Leistung von 4000 Watt und wurde von Akkumulatoren gespeist, die eine Kapazität von 200 Amperestunden besaßen. Mit dieser elektrischen Ausstattung konnte eine Geschwindigkeit von etwa 19 km/h erzielt werden. Nach einer Strecke von 60 Kilometern mußten die Akkus an der Wache wieder aufgeladen werden.

Das Fahrzeug besaß eine Elektropumpe und einen 400-Liter-Wassertank. 40 Meter Schlauch (Durchmesser 35 mm) waren auf einer Haspel aufgewickelt. Vier Feuerwehrmänner fanden auf dem Fahrzeug Platz. Es folgte etwa ein Jahr darauf ein fast gleichartiges Löschfahrzeug, das zusätzlich über Schiebleiter, Hakenleiter und elektrischen Kompressor zur Atemluftversorgung verfügte. Die Besatzung betrug sechs Mann.

Das dritte elektromobile Fahrzeug transportierte eine abprotzbare zweirädrige dreiteilige Schiebleiter, die von der Firma Gugumus in Nancy hergestellt worden war. Die Leiter konnte innerhalb von 2 Minuten, 20 Sekunden auf 19 Meter Höhe ausgefahren werden. Die Besatzung betrug zwei Mann. Die Firma Gugumus hatte sich auf Leitern für die Feuerwehr und später auch auf Drehleitern spezialisiert.

Erste dampfautomobile Dampfspritze („Pompe a vapeur automobile") der Pariser Feuerwehr, nach Plänen des Ingenieur-Offiziers Vuilquin von Weyher & Richemond in Pantin (bei Paris) gebaut und im März 1904 in Dienst gestellt. Pumpenleistung ca. 2000 l/min, Schlauchmaterial: 600 m. Geschwindigkeit 24 km/h. Besatzung: 11 Mann.

Feuerwehrfahrzeug mit abprotzbarer Schiebleiter, batterie-elektrischem Antrieb, um 1900. Die dreiteilige Leiter, die eine Höhe von 19 m erreichte, baute die Firma Gugumus, Nancy. Besatzung: 2 Mann.

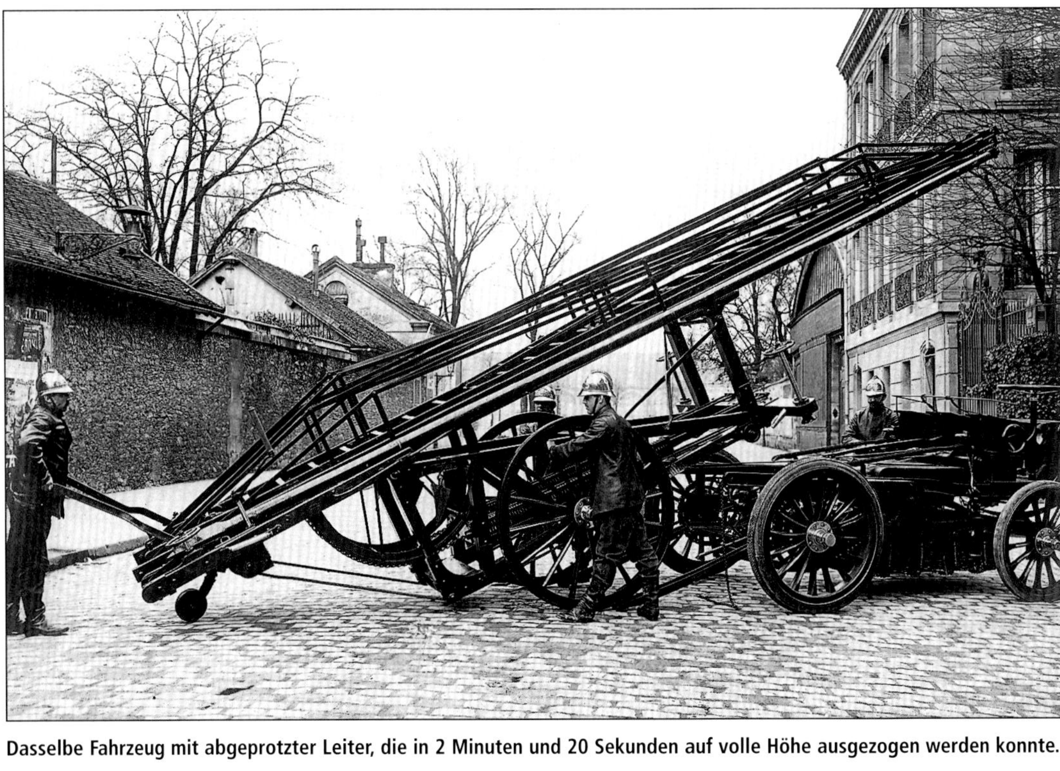

Dasselbe Fahrzeug mit abgeprotzter Leiter, die in 2 Minuten und 20 Sekunden auf volle Höhe ausgezogen werden konnte.

Der erste elektromobile Pariser Löschzug, aufgenommen auf dem Hof der Feuerwache Colombier.

Bereits 1904 ging die Pariser Feuerwehr auf Benzinmotor-Fahrzeuge über. Sie wählte das einheimische Fabrikat Delahaye. Der Motor trieb sowohl die Hinterräder (über Ketten) als auch die Zentrifugalpumpe an. Besatzung: 11 Mann.

Dasselbe Löschfahrzeug bei einer Übung...

...es konnten gleichzeitig 6 Strahlrohre vorgenommen werden.

Daneben beschäftigte sich die Pariser Feuerwehr aber auch mit dem damals populären Dampfantrieb. Ebenfalls nach den Plänen von Vuilquin ließ sie bei der nahe Paris, in Pantin, ansässigen Firma Weyher & Richemond eine dampfautomobile Dampfspritze („Pompe a vapeur automobile") bauen, die im März 1904 in Dienst ging. Fahr- und Pumpenbetrieb erfolgten über eine gemeinsame Dampfmaschine, die mittels Klauenkupplung entsprechend geschaltet wurde. Die Kolbenpumpe förderte etwa 2000 l/min, die Schlauchlänge betrug 600 Meter. Die dampfautomobile Dampfspritze erreichte eine Geschwindigkeit von 24 km/h und bot nicht weniger als elf Feuerwehrmännern Platz.

Ein 1908 in Betrieb genommener Rettungsgerätewagen („Fourgon de protection") besaß benzinelektrischen Antrieb. Die elektrische Energie für die Elektromotoren wurde nicht mehr den schweren Akkumulatoren entnommen, sondern von einem Generator erzeugt, der seinerseits von einem Benzinmotor angetrieben war. Dieser „Mixt-Betrieb" war seinerzeit auch bei vielen deutschen Berufsfeuerwehren wie Berlin und Hamburg üblich.

Doch der Siegeszug des Verbrennungsmotors war auch in Frankreich nicht mehr aufzuhalten. Bereits im Jahre 1904 ging die Pariser Feuerwehr auf Benzinmotorbetrieb über, und es leuchtet ein, dass man sich auf französische Hersteller stützte. Das waren anfangs vor allem die Firmen Delahaye und Laffly. Besonders naheliegend war die seit 1898 in Paris beheimatete Fabrik von Emile Delahaye, der bereits 1905 Lastwagen mit Zweizylindermotoren baute. Das Unternehmen stellte bis zum Jahre 1950 über 1000 Motorspritzen her und blieb bis zu seiner Schließung 1956 im Nutzfahrzeuggeschäft tätig. Die Firma Laffly in Asnieres baute zwar bereits 1859, ein Jahr nach ihrer Gründung durch Alexandre Laffly, (nichtmotorisierte) Fahrzeuge für Feuerwehren, nahm aber erst 1922 die Produktion von Lastwagen auf. Die Firma erlosch 1953. Beide Hersteller genossen vor allem in den Jahren vor dem Zweiten Weltkrieg einen ausgezeichneten Ruf in Feuerwehrkreisen. Delahaye- und Laffly-Feuerwehrfahrzeuge, versehen mit Aufbauten der verschiedensten Hersteller, waren teilweise bis in die 1970er Jahre im Dienst.

Rettungsgerätewagen („Fourgon de protection") mit benzin-elektrischem Antrieb, gebaut um 1908. Besatzung: 8 Mann.

Werkfeuerwehr Salzgitter AG

von Thorsten Waldmann

Die Salzgitter AG zählt mit ihren etwa 12.000 Mitarbeitern in den drei Werken Peine, Salzgitter und Ilsenburg zu den führenden Stahltechnologie-Konzernen Europas. Das Unternehmen bietet eine umfassende Produktpalette, wobei der Schwerpunkt auf der Entwicklung und Herstellung von Spezial- und Markenstählen liegt.

Im Werk Salzgitter werden, neben der Metallurgie mit Hochöfen und Stahlwerk, im wesentlichen Flachprodukte – Warmbreitband und Feinbleche mit verschiedensten Arten der Oberflächenveredelung – hergestellt. Produkte aus dem Standort Salzgitter, wie etwa I-Stahl, Pretex und Bonazinc, zählen zu den wichtigsten Werkstoffen der Automobilindustrie.

Der Standort Peine, seit einigen Jahren mit einem hochmodernen Elektroofen ausgerüstet, liefert die Langstahl-Produkte der Salzgitter AG. „Peiner Träger" sind als wesentliche Konstruktionselemente des Stahlbaus weltweit ein Begriff.

Im Werk Ilsenburg, seit 1992 zum Konzern gehörend, werden Grobbleche aus unterschiedlichen Stählen erzeugt. Sie finden in den Bereichen des Brücken-, Schiff- und Behälterbaus sowie zur Herstellung von Großrohren Verwendung.

Im Jahr 2000 ist der Zusammenschluß mit der Mannesmannröhrenwerke AG erfolgt. Hierdurch haben sich die Mitarbeiteranzahl und der Umsatz gegenüber dem Stand 1998/99 etwa verdoppelt.

Weitere Geschäftsfelder neben der Stahlerzeugung sind der Handel und der Bereich Rohstoffe/Dienstleistungen. Zu letzterem gehören unter anderem die PPS Personal-, Produktions- und Servicegesellschaft – bei dieser sind auch die Angehörigen der Werkfeuerwehr angestellt –, die GESIS Gesellschaft für Informationssysteme, die telcat Kommunikationstechnik, die VPS Verkehrsbetriebe Peine-Salzgitter und der Hansaport-Schüttguthafen in Hamburg, den die Salzgitter AG zusammen mit der Hamburger Hafen- und Lagerhausgesellschaft HHLA betreibt.

Die Rohstahlerzeugung im gesamten Konzern lag im Geschäftsjahr 1999/2000 bei 5.000 Tt, der Umsatz betrug knapp 3,3 Mrd. EUR, von denen etwa 1,25 Mrd. EUR auf den Geschäftsbereich Stahlerzeugung und gut 1,77 Mrd. EUR auf den Stahlhandel entfielen. Der Exportanteil beträgt 49 Prozent.

Firmenhistorie

Die Produktionsstandorte Salzgitter, Peine und Ilsenburg blicken zum Teil auf eine lange Geschichte zurück. Das Werk Peine hat mit Gründung der Ilseder Hütte seine Wurzeln im Jahr 1858. Das Walzwerk nahm den Betrieb 1873 auf, 1881 wurde das Thomasstahlwerk errichtet, gefolgt vom Siemens-Martin-Stahlwerk im Jahre 1900. In Ilsenburg war schon 1843 ein Kupferwalzwerk gebaut worden. 1946 wurde an diesem Standort die Walzung von Grobblechen aufgenommen. Die Gründung des Hüttenwerks Salzgitter ist eng mit der Aufrüstung im „Dritten Reich" im Zuge der Kriegsvorbereitungen verbunden. 1937 begann der Aufbau der damaligen Reichswerke (die zugehörige Stadt Salzgitter, damals noch Waten-

TLF 16/1 der Werkfeuerwehr Salzgitter AG, Werk Salzgitter, vor der Kulisse des Stahlwerks.

ELW 1 auf VW Passat Variant der 3. Bauserie. Eigenausbau, 59 kW, Erstzulassung 1991. Werk Salzgitter.

stedt-Salzgitter, wurde übrigens erst 1942 gegründet). Nach dem Krieg wurde das Hüttenwerk Salzgitter bis auf wenige Reste völlig demontiert; der Wiederaufbau begann allerdings bereits im Jahre 1952. 1961/62 wurde das Stahlwerk in Peine grundlegend modernisiert.

1970 schlossen sich das Hüttenwerk Salzgitter und die Ilseder Hütte/Peine zur Stahlwerke Peine-Salzgitter AG zusammen. Nach einem kurzen Intermezzo ab 1989 unter dem Dach der Preussag wurde die mittlerweile so firmierende Preussag Stahl AG im Jahre 1998 wieder selbständig, und zwar als Salzgitter AG - Stahl und Technologie. In die Preussag-Zeit fiel die Übernahme des in unmittelbarer Nähe zu Salzgitter, jedoch bereits in Sachsen-Anhalt liegenden Werkes Ilsenburg.

Die Werkfeuerwehr

Die Aufgaben der Werkfeuerwehr der Salzgitter AG erstrecken sich zunächst auf den vorbeugenden und den abwehrenden Brandschutz gemäß den Vorgaben des Niedersächsischen Brandschutzgesetzes. Im Rahmen des vorbeugenden Brandschutzes sind insbesondere die Betreuung von Neubauten und die Aufgaben nach der Industriebaurichtlinie sowie nach der DIN 18230 zu erfüllen. Auch bei planerischen Maßnahmen wird die Werkfeuerwehr selbstverständlich beteiligt. Ebenso wird die gesetzliche Aufgabe der Hilfeleistung bei Unglücksfällen wahrgenommen. Weitere technische Hilfeleistungen im Zuständigkeitsbereich der Werkfeuerwehr sind beispielsweise Pumparbeiten, das Fällen von Bäumen und die Beseitigung von Verkehrshindernissen.

Weiterhin werden der gesamte Atemschutz, Gasmeßgeräte und Gaswarnanlagen (stationäre wie ortsbewegliche) und die Wiederbelebungsgeräte von der Zentralen Atemschutzstelle der Werkfeuerwehr sichergestellt. Sicherheitsvorkehrungen wie die Abstellung von Sicherheitsposten – gegebenenfalls auch mit Fahrzeugen – bei Arbeiten in brandgefährdeten Bereichen, bei Arbeiten mit gesundheitsschädlichen Gasen sowie bei Arbeiten in gefährlichen Höhen und Tiefen werden ebenfalls durch die Feuerwehr durchgeführt.

Im Bereich Salzgitter wird zudem der Rettungsdienst für die in den Ortsteilen Watenstedt, Heerte, Hallendorf und Beddingen gelegenen Gesellschaften der Salzgitter AG wahrgenommen. Hierfür sind in jeder Schicht vier Rettungsassistenten bzw. -sanitäter eingeteilt, denen zwei Rettungswagen und ein Krankentransportwagen zur Verfügung stehen. Daneben existieren noch ein Werksärztlicher Dienst und ein

TLF 16/25, intern TLF 16/1. Der MB 1225 AF trägt einen in dieser Bauform nur kurze Zeit gefertigten Metz-Aufbau. Das Fahrzeug wurde 1988 als Vorführfahrzeug erworben. Die Lackierung wurde später geändert. Werk Salzgitter.

TLF 16 auf MAN 11.192 HA-LF mit Bachert-Aufbau, intern TLF 16/3. Baujahr 1980. Das Fahrzeug war früher in RAL 3024 lackiert. Werk Salzgitter.

TLF 16 auf Mercedes-Benz LAF 1113 B, intern TLF 16/2. Das zunächst von Metz aufgebaute Fahrzeug erhielt Anfang der 90er Jahre einen neuen Aufbau von FGL, der sich sehr harmonisch in die Fahrzeuglinie einfügt. Werk Salzgitter.

Sanitätsdienst, die ebenfalls über Rettungsmittel verfügen. Im Gegensatz zum rund um die Uhr besetzten Sanitätsdienst ist der Werksärztliche Dienst nur während der normalen Schichtzeit (Mo–Fr 8.00 h bis 16.00 h) einsatzbereit. In dieser Zeit steht auch ein Arzt zur Verfügung, so daß einer der beiden gleich ausgestatteten RTW bei Bedarf als Notarztwagen eingesetzt werden kann.

Eine interessante Besonderheit der Werkfeuerwehr ist das Vorhandensein einer Berufstauchergruppe im Werk Salzgitter. Insgesamt sind 10 Berufstaucher vorhanden, alle sind zugleich auch hauptberufliche Feuerwehrmänner. In jeder Wachabteilung versehen mindestens drei Taucher Dienst. Neben der Tätigkeit im Rahmen von Rettungseinsätzen werden normale Arbeitstätigkeiten unter Wasser durchgeführt, beispielsweise in Kühltürmen, die nicht für Wartungsarbeiten mehrere Wochen lang aus der Produktion herausgenommen werden können, oder im vom Mittellandkanal abgehenden Stichkanal. Auch Wassergebiete aus Tagebauen sind im Werksbereich in Salzgitter vorhanden.

Die im abwehrenden Brandschutz und der technischen Hilfeleistung beruflich tätigen Einsatzkräfte versehen in der Regel ihren Dienst in drei Wachabteilungen im 24-Stunden-Schichtsystem. Dienstbeginn ist um 7.00 Uhr, auf dreimal 24 Stunden Dienst und 24 Stunden Freizeit folgen 4 freie Tage. Bei Feueralarm rücken in Salzgitter als Löschzug TLF 16/1, TLF 16/2, DLK 23-12 und RTW 2 aus; die Schichtstärke beträgt an dieser Feuerwache 28 Fm (SB). Insgesamt sind in Salzgitter 84 Feuerwehrleute im abwehrenden Brandschutz tätig, 12 in der Zentralen Atemschutzstelle und 8 im Tagesdienst.

Von den in allen drei Werken im Jahre 2000 insgesamt zu verzeichnenden 754 Brandereignissen handelte es in 360 Fällen um Entstehungsbrände, in 368 Fällen um Kleinbrände, in 14 Fällen um Mittelbrände und in 12 Fällen um Großbrände. Darüber hinaus waren 397 blinde bzw. „Täuschungsalarme" durch verschmutzte Melder, Feuerarbeiten, Rauch aus benachbarten Anlagen usw. zu verzeichnen. Die Entstehungsursachen der Brände schlüsseln sich wie folgt auf: 244 Brände waren auf Schweißarbeiten

LF 16 auf MB LF 1113 B. Ursprünglich von Metz aufgebaut (1975), neuer FGL-Aufbau Anfang der 90er Jahre. Werk Salzgitter.

Die Drehleiter DLK 23-12 auf MB 1422 F wurde von Metz im Jahre 1978 gebaut. Standardfahrzeug ohne wesentliche Besonderheiten. Werk Salzgitter.

TroLF 750 nach der im Jahre 1991 vorgenommenen Umsetzung des 1964er Total-Aufbaus auf ein gebrauchtes Fahrgestell Mercedes-Benz Unimog S 404. Das Fahrzeug ist in dieser Form nicht mehr im Dienst. Werk Salzgitter.

zurückzuführen, 208 auf Funkenflug, 169 auf Wärmequellen, 43 auf Auslauf und 14 auf Selbstentzündung, Gasausbruch, fahrlässige Brandstiftung und sonstige Ursachen.

Der Fahrzeugpark

Dem Anforderungsprofil der Stahlerzeugung entsprechend werden die Risiken im wesentlichen mit Normfahrzeugen abgedeckt, deren Ausrüstung und Beladung allerdings den Bedürfnissen der Werkfeuerwehr angepaßt worden ist. Die Besonderheiten der Stahlproduktion in Salzgitter, bei der u. a. auch Magnesium und Calcium verarbeitet werden, machen es dabei erforderlich, in ausreichendem Maße auch Löschmittel für Metallbrände zu bevorraten. Die wesentlichen technischen Daten der Fahrzeuge sind den Bildbeschreibungen zu entnehmen. Über einige bemerkenswerte Fahrzeuge im Fuhrpark soll jedoch schon an dieser Stelle berichtet werden. Wo es interessant erschien (und natürlich Bildmaterial vorhanden war), wird auch auf Fahrzeuge hingewiesen, die sich heute nicht mehr im Dienst der Werkfeuerwehr befinden.

Der vermutlich letzte in Deutschland bei einer Feuerwehr im Einsatzdienst stehende Büssing ist im Werk Peine stationiert. Der Büssing LU 7 wurde 1961 als Paketpostwagen gebaut und nach seiner Ausmusterung bei der Deutschen Bundespost von der Werkfeuerwehr in Eigenarbeit mit einem 100-kVA-Stromerzeuger von Siemens mit MAN-Motor versehen. Aufgrund des hohen Alters und der daraus resultierenden Probleme bei der Ersatzteilbeschaffung steht allerdings in nächster Zeit nun doch die Aussonderung an. Es bleibt zu hoffen, daß dieses in mehrfacher Hinsicht seltene Fahrzeug anschließend in gute Hände kommt und auch im jetzigen Originalzustand erhalten bleibt.

Eine seltene Ausführung eines RW 3 findet sich im Fahrzeugpark des Werks Salzgitter. Metz baute das Fahrzeug im Jahre 1982 auf einem MAN 16.240 FAK auf. Die Berufsfeuerwehr Salzgitter hatte sich bekanntlich einige Jahre zuvor für einen RW 3 in Staffelausführung entschieden; dieses Fahrzeug war allerdings von Bachert auf einem MAN-Haubenfahrgestell gebaut worden.

Ebenfalls nicht häufig zu finden sind die Fahrzeuge, welche Metz Ende der achtziger Jahre in einer angenäherten Omnibus-Bauform (GST-Design) herstellte. Bei dem intern als TLF 16/1 bezeichneten Tanklöschfahrzeug der Werkfeuerwehr Salzgitter (Fahrgestell MB 1225 AF) handelte es sich um ein Ausstellungsfahrzeug, welches 1988 auf der Interschutz gekauft wurde.

Schon auf dem mittlerweile dritten Fahrgestell ist die 750-kg-Pulverlöschanlage aufgebaut, welche 1964 von Total gebaut wurde. Das erste Fahrgestell, ein Unimog S 404, wurde 1991 von einem weiteren S 404 abgelöst, bei dem es sich um ein gebrauchtes Katastrophenschutzfahrgestell des Baujahres 1966 handelte. Da das ursprüngliche Fahrzeug in Tagesleuchtfarbe umlackiert worden war, man diese Kosten aber bei dem schon recht betagten Ersatzfahrzeug nicht investieren wollte, ergab sich für einige Jahre das Kuriosum eines gemischt in RAL 3000 und RAL 3024 lackierten Fahrzeugs. Seit 1998 wird als Fahrgestell ein MB Vario 614 D verwendet, welcher zusätzlich einen Schaummitteltank mit 1000 l Fassungsvermögen aufgebaut bekommen hat.

Völlige Einzelstücke dürften die beiden Mercedes-Benz-Haubenfahrzeuge darstellen, auf die der Luckenwalder Hersteller FGL Anfang der neunziger Jahre neue Aufbauten setzte. Fahrgestelle, Kabinen und Feuerlösch-Kreiselpumpen der ursprünglich von Metz gebauten Fahrzeuge wurden dabei beibehalten.

Das erst vor kurzem in Dienst genommene Nachschubfahrzeug verfügt über einen Ladekran, mit dessen Hilfe mit minimalem Personaleinsatz Gitterboxen beispielsweise mit trockenem Sand, Soda oder Schaummittel an Einsatzstellen nachgeführt werden können.

Eine besondere Rarität beherbergen die Hallen der Werkfeuerwehr in Ilsenburg: eine Drehleiter auf Robur-Fahrgestell. Dabei handelt es sich allerdings nicht um ein „originäres" Feuerwehrfahrzeug. Vielmehr war die DL 16 im Jahre 1971 an die Stadtwirtschaft Eisenach geliefert worden. 1995 übernahm die Werkfeuerwehr die Leiter, baute ein neues Fahrerhaus auf und ersetzte das vorhandene Podium durch eine Eigenkonstruktion.

Bis etwa 1986 – dem Jahr der Übernahme der neuen DLK 23-12 – war in Salzgitter zudem noch eine der seltenen DL 37 h auf Mercedes-Benz-Haubenfahrgestell des Typs L 338/50 in Dienst. In den letzten Jahren des Betriebs war das durchgerostete Podium noch in Eigenarbeit durch ein Aluminiumpodest ersetzt worden, welches interessanterweise nicht lackiert wurde.

TroLF 750 nach der erneuten Umsetzung des Total-Aufbaus auf ein neues Mercedes-Benz-Fahrgestells des Typs Vario 614 D. Im Zuge der Umbaumaßnahmen wurde noch ein 1000-Liter-Schaummitteltank montiert. Werk Salzgitter.

Rüstwagen RW 3, aufgebaut von Metz im Jahre 1992 auf ein MAN-Fahrgestell des Typs 16.240 FAK. Bei Bedarf rückt das Fahrzeug mit dem FwA-TP (Tauchpumpen) aus. Werk Salzgitter.

Taucherfahrzeug auf VW LT 31. Die Werkfeuerwehr hat diesen ehemaligen Rettungswagen der Berufsfeuerwehr Salzgitter (Baujahr 1988) im Jahre 2000 in Eigenarbeit umgebaut. Die Beschriftung ist noch nicht endgültig. Werk Salzgitter.

GW-A auf MB 310, Ausbau Schmitz, Baujahr 1991. Werk Salzgitter.

GW-G auf MB LAF 322. Das mit einem Spill ausgerüstete Fahrzeug war ursprünglich von Metz als GW 2 geliefert worden (Baujahr 1963) und nach Indienstnahme des RW 3 von der Werkfeuerwehr zum GW-G umgebaut worden. Die Aussonderung ist im Jahre 1999 erfolgt. Werk Salzgitter.

Hubwagen, hier mit Absetzbehälter Gefahrgut. Triebkopf Mercedes-Benz U 2150 T, Aufbau Ruthmann. Außerdem stehen eine Mulde und ein Nachschub-Behälter zur Verfügung. Bei Bedarf kann zusätzlich auf ein baugleiches Fahrzeug aus dem allgemeinen Werksfuhrpark zurückgegriffen werden. Werk Salzgitter.

Mercedes-Benz U 406 mit Bergstütze für allgemeine Transport- und Arbeitsaufgaben, Baujahr 1970. Werner-Winde HY 6,5, HIAB-Ladekran Typ 230. Früher war zusätzlich eine Schneepfluganbauplatte vorhanden. Im Jahr 2000 ist der Wagen außer Dienst gestellt worden. Werk Salzgitter.

Lkw mit Ladekran, Mercedes-Benz 1317 AK (zulässiges Gesamtgewicht 11.500 kg), Baujahr 2000. Ladekran HIAB 052, Ladebordwand MBB Hubfix 1000 K/800. Werk Salzgitter.

Mehrzweckfahrzeug auf VW Typ 2 T4 mit langem Radstand, Hochdach und Flügeltüren. Ottomotor, 2,5 l Hubraum, 81 kW. Erstzulassung 1993. Werk Salzgitter.

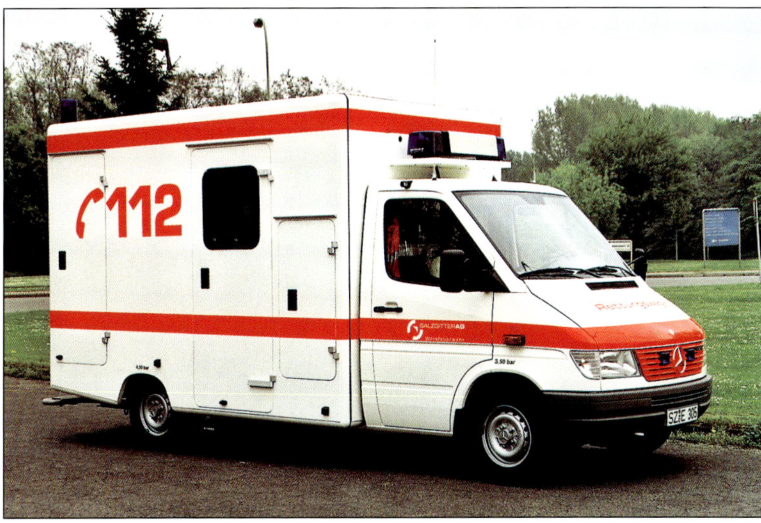

RTW, Mercedes-Benz Sprinter 312 D, Aufbau Hospimobil, Baujahr 1999. Beide RTW sind gleich ausgestattet, unter anderem mit EKG, Defibrillator, Rettungskorsett, Medumat auf Trageplatte, Fluchthauben und Gasmeßgeräten. Werk Salzgitter.

RTW, Mercedes-Benz 310, Ausbau Strobel. Das Fahrzeug ist vom Werksärztlichen Dienst übernommen worden, wo es noch in RAL 1014 lackiert war. Werk Salzgitter.

KTW, VW Typ 2 T3 syncro, Ausbau VW. Ottomotor mit 57 kW bei 4400/min. Werk Salzgitter.

CO_2-Anhänger von Total, Typ KA 30, Baujahr 1980. 5 Flaschen à 30 kg. Fahrgestell Hahn (Fellbach). Werk Salzgitter.

FwA-TP (Tauchpumpen), Eigenbau der Werkfeuerwehr auf Grümer-Fahrgestell, 1970. Beladen mit einer Heißwasserpumpe sowie 6 Tauchpumpen verschiedener Förderleistung. Die Förderkapazität beträgt insgesamt 7000 l/min. Werk Salzgitter.

Mit viel Aufwand ist eine früher in Watenstedt eingesetzte Tankspritze in ihren ursprünglichen Zustand zurückversetzt worden. Die 1941 gebaute TSH 315 (Herstellerbezeichnung) ist auf einem KHD-Fahrgestell FS 330 aufgebaut und verfügt über einen 1500-l-Wassertank sowie eine FP 15/8. Werk Salzgitter.

Ebenfalls eine Rarität ist dieser Kohlensäureanhänger aus dem Jahre 1941. Es handelt sich um ein Fünf-Flaschen-Gerät (150 kg CO_2), Hersteller ist die Fa. A. Werner & Co. aus Opladen. Werk Salzgitter.

Tanklöschfahrzeug TLF 8 (S) auf Mercedes-Benz LP 813, aufgebaut von Ziegler 1973. Es ist noch ein weiteres baugleiches Fahrzeug vorhanden (pol. Kennzeichen PE-V 201). Werk Peine.

Löschgruppenfahrzeug LF 8/6, Mercedes-Benz 814, Aufbau Ziegler, aus dem Jahre 1992. Werk Peine.

GW-Strom auf Büssing LU 7. 1961 als Paketpostwagen gebaut, nach Aussonderung bei der Post in Eigenarbeit von der Werkfeuerwehr umgerüstet. Der Generator leistet 100 kVA, Hersteller ist Siemens. Werk Peine.

Gerätewagen GW, selbst umgebaut auf der Basis des ehemaligen LF 8 der Werkfeuerwehr.
Das LF 8 wurde von Metz 1969 gebaut. Werk Peine.

Mehrzweckfahrzeug auf VW Typ 2 T3, Erstzulassung 1988. Dieselmotor, 42 kW. Werk Peine.

Einsatzleitwagen bzw. Kommandowagen, Wartburg 1,3 Tourist (VW-Motor).
Der Wagen ist erst 1994 zum Feuerwehrfahrzeug umgebaut worden; das „Basisfahrzeug" war bereits am 17. 5. 1990 auf das Werk zugelassen worden und diente dort allgemeinen Transportaufgaben. Werk Ilsenburg.

TLF 16/24-Tr von Magirus auf Iveco 95 E 18 W. Die Löschmittelmenge entspricht der Norm. Das 1997 gebaute Vorführfahrzeug wurde 1998 erworben. Werk Ilsenburg.

LF 16-TS 8 auf IFA W 50 LA-LF, Aufbau Luckenwalde. DDR-Standardfahrzeug, Baujahr 1981. Werk Ilsenburg.

GW-G, in Eigenleistung etwa 1999 hergestellt aus einem ehemaligen TLF 16-GMK des Baujahres 1981. Zur Beladung zählen ein Stromerzeuger 2 kVA, Mineralölpumpe und -schläuche sowie Gulliabdichtungen. Im Heck sind die B-Schläuche aus einem Schlauchtransportanhänger in Buchten verladen, so daß das Fahrzeug auch als Schlauchwagen genutzt werden kann. Werk Ilsenburg.

Eine der seltenen Drehleitern DL 16 auf Robur-Basis, 1995 von der Stadtwirtschaft Eisenach erworben und umgebaut (neues Fahrerhaus, Podium neu angefertigt). Werk Ilsenburg.

Krankentransportwagen, Mercedes-Benz 310, Ausbau Miesen, Baujahr 1985. Werk Ilsenburg.

Ford Transit bei den Feuerwehren in Europa

von Karl Josef Osterholt

Der Transit ist seit mehr als 35 Jahren ein Erfolgsgarant aus dem Hause Ford. Bislang verkaufte Ford mehr als 3,5 Millionen Exemplare weltweit, die an den Produktionsstandorten für Europa, Gent in Belgien und Southampton in Großbritanien, produziert werden. Beliebt ist der Transit nicht nur in der Bundesrepublik Deutschland, Belgien, England oder den Niederlanden. Weite Verbreitung findet dieser Transportertyp auch in Ländern wie die Türkei, Russland oder in der Region Südostasien. Der Ford Transit erfreut sich in ganz Europa grosser Beliebtheit. Schließlich war der Ford Transit in den letzten 11 Jahren neunmal Europas meist verkauftes Nutzfahrzeug. Schon immer galt der Transit als innovativ und fortschrittlich. Handelt es sich u.a. um die Bereiche Sicherheitsgurte, Halogenscheinwerfer oder Direkteinspritzer, der häufig unterschätzte Transit zählte stets zu den Ersten. Wenn in Deutschland oft nur vom VW Transporter die Rede ist, belegen diese Zahlen und Fakten eindrucksvoll, dass der Ford Transit zu den Großen dieser Kategorie zählt. Bis zum heutigen Tag zählen Zuverlässigkeit, Sicherheit und Wirtschaftlichkeit, gepaart mit der Variantenvielfalt, das der Ford Transit an Attraktivität für Industrie und Behörden nichts verloren hat. Wenn sich ein Fahrzeug solcher Beliebtheit erfreut, bilden die Feuerwehren selbstverständlich keine Ausnahme. Etliche Aufbaufirmen wie zum Beispiel Bachert, Binz, Magirus, Metz, Meyer-Hagen, Miesen, Rosenbauer, Total und Ziegler fertigten Feuerwehrfahrzeuge auf diesem Fahrgestell. Leider gibt es keine verbindlichen Produktionszahlen der Aufbauhersteller. Die höchsten Stückzahlen erreichte der Ford Transit vermutlich in den 70er Jahren. Als nach dem Kriege die ersten Transporter über Deutschlands Strassen rollten, und Marken wie Tempo, Gutbrod und Lloyd schon taugliche Lieferwagen bauten, fehlte in diesem Marktsegment ein Ford-Produkt.

Als dann im Jahre 1950 die ersten VW Transporter in Wolfsburg das Band verließen, erkannte man in Köln bei Ford Handlungsbedarf. Die Ford-Leute wollten nicht untätig bleiben und beschlossen, ein Konkurrenzmodell zu entwickeln. War es Glück, Zufall, Schicksal oder gar Ironie, dass gerade dieser Konstrukteur (Dr. Alfred Haesner) mittlerweile sein Geld im Hause Ford verdiente. Das Gesamtkonzept sah einen großen uneingeschränkten Frachtraum vor, ohne einen störenden Motor. Deshalb verlagerte das Ford-Team den Motor vor die Vorderachse. Die Präsentation dieses Fahrzeuges erfolgte auf der IAA 1953 und der Ford FK war geboren. Bereits 1955 konstruierten die Ford-Männer eine eigens dafür geschaffene Bodenplattform, mit der sie den Motor über die Vorderachse platzierten. Die Fahreigenschaften wurden hiermit verbessert. Erst 1961 erhielten die Ford FK-Modelle offiziell den Namen TRANSIT. Insgesamt fertigte Ford 255.832 FK 1000 und FK 1250. Schon damals gelangten einige Exemplare zu den Feuerwehren.

Die eigentliche Transit-Story beginnt im Dezember 1961. Als unter dem Codenamen „Red Cap" (zu deutsch rote Mütze) der neue Kurzhauber-Transporter in englisch-deutscher Zusammenarbeit entsteht. 1966 erschien der neue Transit, den Ford als „Linie der Vernunft" bezeichnete. Der Transit ist in 6 Gewichtsklassen mit 2 Radständen (2692 und 2997 mm) erhältlich. Die Transit-Reihen FT 600, 900 und 1100 haben einen kurzen Radstand und die Modelle FT 1300, 1500 und 1750 den langen Radstand. Drei

1966 fertigte Bachert diesen SW1000 der FF Neckarsulm. Es handelt sich hierbei um ein Transit-Modell, das kurz vor dem 1. Modellwechsel von Ford ausgeliefert wurde.

1964 entstand dieses TSF auf Ford Transit FK1250 der FF Reichshof.

Auf einem Parkplatz stand dieses schöne TSF der FF Aistaig.

V-Motoren mit einer Leistung von 45, 60 und 75 PS stehen als Antriebsaggregate zur Verfügung. Bei der Konzipierung des neuen Transit entschieden sich die Ford-Leute für die Kurzhaubenbauweise mit Frontmotor. Ein Vorteil war u. a. ein verbessertes Unfallverhalten, weil Motor und Vorderachse vor dem Fahrerhaus liegen. Die Geräumigkeit der Kabine wird vom Motor nicht beeinträchtigt. Insgesamt konnten 46 verschiedene Modelle geordert werden.

Modell FT	Hubraum	Leistung	Höchstgeschwindigkeit
600	1,2 Liter	45 PS	90 km/h
900/1100	1,5 Liter	60 PS	100 km/h
1300/1500/1750	1,7 Liter	75 PS	100 km/h

Im Mai 1969 wurden 50 Ford Transit Tragkraftspritzenfahrzeuge an kleinere Freiwillige Feuerwehren in Hessen übergeben. 75 weitere TSF dieses Typs werden noch im selben Jahr ausgeliefert. Die besonderen Merkmale dieser von der hessischen Landesregierung gegen den „Roten Hahn" beschafften TSF waren eine neue rot-weiße Lackierung mit reflektierenden Warnstreifen am Heck und 2 Blaulichter. Diese Maßnahmen sollten die aktive Sicherheit erheblich erhöhen. 1971 bekam der Transit ein Facelift, das eine Anzahl von Änderungen und Verbesserungen vorsah. Diese beinhalteten eine Erhöhung der Nutzlast, verbesserte Pritschenmodelle, geänderte Bus-Modelle, ein verbesserter Fahrkomfort und eine reduzierte Fahrzeughöhe, ein erweitertes Motorenangebot (auf Wunsch 2,0 l V4-Motor mit 75 PS), eine verbesserte Innenausstattung, eine zusätzliche Wunschausstattung, weitere Änderungen im Standardlieferumfang und last but not least ein Spezialausstattungspaket für Kombis. Mit der Erhöhung der Nutzlast erhielt der FT 75 den 1,5 Liter V4-Motor.

Die Nutzlastklassen gliedern sich nun wie folgt:

Bisher	Neu	Bisher	Neu
FT 600	FT 75	FT 1300	FT 130
FT 1000	FT 100	FT 1500	FT 150
FT 1100	FT 125	FT 1750	FT 175

1972 bei der Ausstellung „Der Roten Hahn" zeigte Ford den Messebesuchern eine breite Angebotspalette von Brand- und Katastrophenschutzfahrzeugen. Ford hat in diesem Spezialsektor, mit den Sonderfahrzeugen, einen Marktanteil von über 50%. Im April 1973 erweiterte Ford die Sonderfahrzeugpalette in Zusammenarbeit mit renommierten Aufbauherstellern. Hiermit umfasst die Liefermöglichkeit TSF, GW, SW, KdoW, MTF, TroLF und Ölwehrwagen (GW-Öl). Hinzu kommen Krankenkraftwagen mit Einbauten in der FT 100- und FT 130-Klasse. Rettungswagen sind auf Basis der FT 130-Reihe lieferbar.

Die Freiwillige Feuerwehr der Verbandsgemeinde Landstuhl hatte diesen Transit in ihrem Bestand. Bemerkenswert für die damalige Zeit die auffällige Lackierung des Fahrzeuges.

1977 war das bisher erfolgreichste Jahr des Ford Transit. Die Rekord-Produktion des Jahres lag bei mehr als 126.000 Stück. In der Bundesrepublik betrug der Marktanteil 11,7% (12.504 neu zugelassene Transit), wovon 7,8% der Käufer dem Dieselmotor den Vorzug gab.

1978 strahlte der Ford Transit im neuen Glanz: Die 3.Generation erblickte das Licht der Welt. Nachdem 1,2 Millionen Transit hergestellt wurden, erschien in diesem Jahr der neue Transit. Das Prinzip des Kurzhaubers mit Frontmotor- und Hinterradantrieb wurde beibehalten. Der neue Transit steckt jedoch in einem aerodynamisch günstigeren und moderneren Gewand. Die bisherigen V-Ottomotoren fielen den Vierzylinder-OHC-Reihenmotoren zum Opfer. Die Nutzlastklassen veränderten sich mit Einführung des neuen Transit geringfügig und die Modellbezeichnungen lauten zum Teil anders.

Auf Wunsch ist ein 2,4 l-Vierzylinder- Dieselmotor mit 46 kW (62 PS) lieferbar. Für den Pritschenwagen und das Fahrgestell mit Fahrerhaus der FT 80- und FT 120-Reihe ist der Dieselmotor nicht erhältlich. Die weiteren Änderungen sind Komfortgewinn im Fahrerhaus, übersichtliche Instrumentierung, verbesserte Heizung und Belüftung, Verdoppelung der Wartungsintervalle und die Reduzierung des Geräuschpegels auf Pkw-Niveau.

Einige der Hessen-TSF kurz vor der Auslieferung auf dem Hof der Fa. Ziegler.

Die WF Narefco stellte dieses Pulverlöschfahrzeug auf Ford Transit 1750 in Dienst

Mit geöffneten Klappen ist die Beladung des PLF 500 zu erkennen. Die inzwischen nicht mehr existierende Firma Saval-Kronenburg baute dieses Fahrzeug 1971.

Mit der 2.Transitgeneration entstanden auch Fahrzeuge für Transportaufgaben der unterschiedlichsten Art. Exemplarisch dieser Lkw der FF Gummersbach.

1976 beschaffte die BF München dieses KLAF. Mit diesem Typ erledigte die BF kleinere Aufgaben des Feuerwehralltages, wie z. B. Türe öffnen oder Schaufenster sichern.

Tragkraftspritzenfahrzeuge (TSF) bauten Magirus, Ziegler und Wolter im beträchtlichem Umfang. Die FF Vöhrenbach erhielt ihr Fahrzeug von der Fa.Wolter.

Der MTW (Mannschaftstransportwagen) der FF Landstuhl, ein Fahrzeugtyp, den Ford im Feuerwehr- und zivilen Bereich in hohen Stückzahlen verkaufte.

Zoetermeer (NL) verfügte seit dem Jahr 1964 über dieses ehemals gelbe Tiefgaragenlöschfahrzeug. Das von Kronenburg gefertigte TLF 500, hatte einen 500 l fassenden Wassertank und 800 l/min leistende Pumpe.

Foto: W.Friebel

Dieser GW der BtFw Phoenix Hamburg ist ein Eigenbau von 1972, den Ford Transit 175 stellte die Feuerwehr 1991 außer Dienst.

Foto: J.Thorns

Bisher	Neu	Nutzlast	Zul. GG	Radstand	Motor
FT 75	FT 80	750 kg	2070 kg	2692 mm	1,6 l 48 kW
FT 100	FT 100	1000 kg	2330 kg	2692 mm	1,6 l 48 kW
FT 125	FT 120	1178 kg	2550 kg	2692 mm	1,6 l 48 kW
	FT 100L	1000 kg	2450 kg	2997 mm	2,0 l 57 kW
FT 130	FT 130	1258 kg	2800 kg	2997 mm	2,0 l 57 kW
FT 150	FT 160	1558 kg	3100 kg	2997 mm	2,0 l 57 kW
FT 190	FT 190	1909 kg	3500 kg	2997 mm	2,0 l 57 kW

1982 bietet der Ford-Händler Rau in Kirchheim/Teck einen Transit mit Allradantrieb an. Diese interessanten geländegängigen Transit-Fahrzeuge liefert Ford in modifizierter Form aus. Von Ford werden der Fahrzeugrahmen verstärkt, und zum Einbau gelangen das Lenkgetriebe und die Federung in einer stärkeren Version. Dieser Allrad-Transit erlangte im Feuerwehr-Sektor, vor allem in der Alpenregion, eine große Aufmerksamkeit. Der Allrad-Transit ist in den Versionen FT 100 und FT 160 lieferbar.

1986 verknüpft Ford traditionelle Transit-Tugenden mit fortschrittlichem Design. Eine völlig neue Modellgeneration entsteht, die weiterhin im europäischen Transportermarkt für gute Verkaufszahlen garantieren soll. Die besonderen Kennzeichen sind die aerodynamische Linienführung (cw=0,37) und der kubische Lade- und Fahrgastraum. Ein konsequent im Windkanal entwickeltes Automobil, dessen flach abfallende Motorhaube richtungsweisend war. Mit diesem Fahrzeugtyp fand Ford den Weg zurück zu den Wurzeln. Der neue Transit ist wieder ein Frontlenker wie der FK. Das Kapitel Kurzhauber legte die Ford-Crew mit diesem Typ wieder ad acta. Den neuen Transit gibt es in 7 Nutzlastklassen und mit 3 Radständen. Drei Motoren, 2 Benziner und der Direkteinspritzer-Diesel, werden für die sieben Grundmodelle

In der Region rund um den Attersee (Österreich) ist die Transit Allradversion sehr verbreitet. Hier ein von Rosenbauer gebautes Fahrzeug der Feuerwehr Nussdorf.

Der Ford Transit 1250 als Einsatzleitwagen. Das 1979 produzierte Modell zählt heute nicht mehr zum Fuhrpark des Flughafen Köln/Bonn.

Kastenwagen, Kombi, Bus, Pritschenwagen und Fahrgestelle mit Einzel- und Doppelkabine angeboten. Zu den Dachvarianten normal und mittelhoch gesellt sich später die Hochdachversion (1,85 m Innenhöhe) hinzu. Eine Servolenkung ist bei langen Radstand jetzt serienmäßig und beim kurzen Transit optional erhältlich. Im Mai 1987 fertigte Ziegler ein Basis-Fahrzeug 1 auf Ford Transit FT190. Das von der AGBF (Arbeitsgemeinschaft der Leiter der Berufsfeuerwehren) und dem DFV (Deutschen Feuerwehrverband) vorgestellte Fahrzeug verfügte über eine TS 8/8 und einen 500 Liter-Löschwassertank. Die BF Ludwigshafen erprobte dieses neue Löschfahrzeug. Aus diesem Vorschlag entstand später das genormte TSF-W. 1988 erweitert ein 2,0 l-Benziner mit geregeltem Katalysator die Motorenpalette.

Auf der Interschutz 1988 präsentiert Ford auf einem FT 190 eine Neuheit. Ein von Metz gebautes TSF mit 350 Liter Wassertank. Dieses TSF-W genannte Löschfahrzeug, mit Löschwasserbehälter und Schnellangriffseinrichtung, ist schon immer ein Wunsch vieler Freiwilliger Feuerwehren gewesen. Mit diesem Fahrzeugtyp können kleinere Brände schnell bekämpft oder begrenzt werden, ohne eine eventuell „zeitraubende" Hydrantensuche. Die Sitzanordnung im TSF-W änderte sich, um Platz für den 350 l-Tank zu schaffen. Im Fahrerhaus sitzen 3 Feuerwehrleute und 3 weitere sitzen entgegen der Fahrtrichtung direkt dahinter. Die komplette Beladung eines TSF einschließlich Atemschutzgeräte, Tragkraftspritze etc. konnte im Fahrzeug integriert werden. Weitere Transit-Modelle waren als MZF (Mehrzweckfahrzeug), ELW 1 (Einsatzleitwagen) KTW (Krankentransportwagen) und RTW (Rettungswagen) zu sehen. Den Transit-Doppelkabiner gibt es seit 1991 serienmäßig mit dritter Türe. Bis Spätsommer 1991 verließen 2,64 Millionen Transit die Fertigungsbänder an den Produktionsstandorten. 1995 erhielt der Transit ein neues Erscheinungsbild. Am besten zu erkennen ist diese Bauform am ovalem Kühlergrill. Hinzu kamen kleine Änderungen am Interieur, wie u. a. ein modifiziertes Armaturenbrett.

Das Jahr 2000 lässt den Transit in seiner aktuellsten Form erscheinen. Unter Federführung des Truck Vehicle Center in Dearborn/USA und der Mitarbeit zahlreicher weltweit ansässiger Entwicklungszentren

Um an großen Einsatzstellen über genügend Sanitätsmaterial zu verfügen, ist dieses Nachschubfahrzeug von der FW Charleroi in Dienst gestellt worden.

Dieses sogenannte schnelle Hilfeleistungsfahrzeug (VRW) der Feuerwehr Charleroi datiert aus dem Jahr 1978. Die meisten dieser Fahrzeuge sind in Belgien auf Chevrolet gefertigt worden.

Die Beladung ist bei geöffneter Heckklappe teilweise zu sehen. Gut zu erkennen der Lichtmast und die Warntafel.

Die Feuerwehr Wuppertal erhielt diesen Transit, als Mannschaftstransportwagen

1989 erhielt dieser Lkw der FF Hanau sein jetziges Aussehen. Vorher war der Ford als TroLF 250 mit einer 250 kg-Pulverlöschanlage bei der FF im Einsatz. Foto: T.Roka

Der Ford Transit FT 130 als TSF von Ziegler. Der Empfänger dieses Modells war die FF Bitburg-Erdorf. Foto: Ziegler

Um in Not geratene oder ausgesetzte Tiere ins Tierheim zu transportieren, beschaffte die BF Köln 2000 diesen Ford Transit FT 100L. Den Ausbau des Hochdach-Modell erfolgte durch die Feuerwehr selbst.

Dieser in Tarnfarben lackierte Ford Transit FT100L wird auf der Fliegerbasis Volkel in den Niederlanden als Dienstbus eingesetzt.

In Genk wird dieser Transit (Modell 1988) als Taucherfahrzeug mit Schlauchbootanhänger eingesetzt.

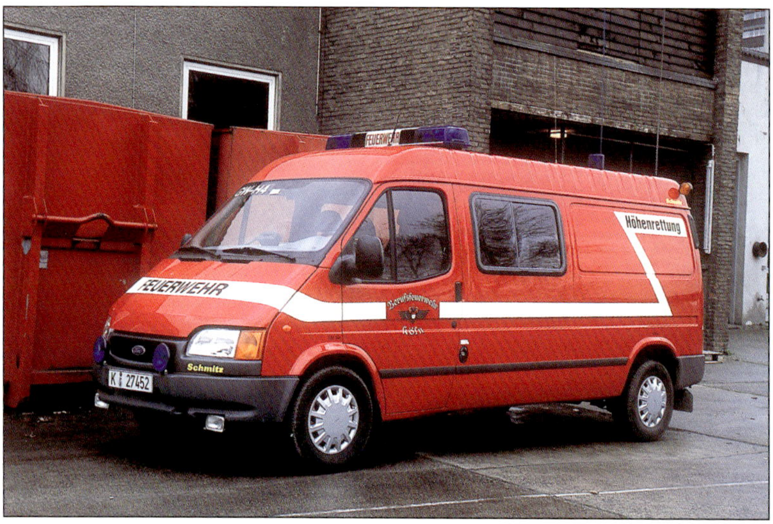

Schmitz fertigte 1999 diesen Transit für die Höhenrettungsgruppe der Berufsfeuerwehr Köln.

Die WF Ford Genk in Belgien beschaffte dieses Löschfahrzeug nach eigenen Bedürfnissen und Wünschen.

Das Umweltschutzfahrzeug der WF Ford Genk wirkt in der gelben Lackierung für deutsche Verhältnisse ungewöhnlich.

Dieses 1987 gebaute Fahrzeug mit Pritsche und Doppelkabine wird intern als LAST bezeichnet. Die FF Marchtrenk (A) verwendet es für verschiedene Transportaufgaben.

Die BF Prag nutzt diesen Ford Transit (Baujahr 1994) als VGW.
Foto: T. Waldmann

Die AGBF und der DFV inizierte dieses Basis-Fahrzeug 1 mit einem 500 l-Wassertank. 1987 produzierte Ziegler diesen Transit, den die BF Ludwigshafen erprobte. Mit diesem Typ sollten kleinere Feuerwehren effizienter werden. Foto: Ziegler

Im Rettungsdienst gehören Transit-Modelle zum Alltag. Diesen RTW erhielt die WF Felten & Guilleaume 1990 von KFB.

und Werksteile, entstand ein völlig neuer Transit. Die Neuheit des Transits ist das duale Antriebskonzept von Ford. Mit diesem innovativen Antriebskonzept ist es möglich, Transporter mit Front- und Heckantrieb auf einer Fertigungsstrasse zu bauen. Die Eintonner-Klasse beinhaltet ausschließlich Fronttriebler mit quer eingebautem Motor, und in der Nutzlast-Kategorie bis 2 Tonnen verfügt der Transit über einen Heckantrieb mit längs eingebautem Motor. An Motoren stehen die ebenfalls neuen „DuraTorq Diesel", mit 75 PS, 90 PS oder 120 PS, zur Verfügung. Ergänzt werden die Dieselmotoren durch einen 2001 erhältlichen 2,3 Liter-DOHC-Benziner mit einer Leistung von 107 kW/145 PS. Das Fahrwerk ist mit McPherson-Federbeinen und einer starren Hinterachse mit Parabol-Blattfedern ausgestattet. In den Produktionsstandorten Genk/Belgien, Southampton/Grossbritanien und dem neuen Werk in Ismir/Türkei entsteht somit ein variantenreicher „Global-Player". Auf der Nutzfahrzeug IAA 2000 in Frankfurt feierte der neue Fronttriebler Weltpremiere.

In den Fronttriebler-Modellen, die über Agilität und eine gute Traktion verfügen müssen, kommen die 2,0 Liter DuraTorq DI-Dieselmotoren mit einer Leistungsstaffelung von 55 kW, 63 kW und 74 kW zum Einsatz. Auf der IAA war der Transit u. a. als Verkaufswagen, Behinderten-Fahrzeug, Autotransporter und Dreiseitenkipper zu sehen. Die Behördenfahrzeuge (Feuerwehr, THW, Polizei und Rettungsdienst) unterstreichen mit den ausgestellten Modellen als Streifenwagen, Rettungswagen, Krankenkraftwagen und Einsatzleitwagen den universellen Verwendungszweck der neuen Transit-Reihe. 5 Gewichtsklassen, 4 Aufbauversionen (Kastenwagen, Kombi, Pritschenwagen und Fahrgestelle), 4 Ladelängen und 3 Radstände runden eine beispielhafte Vielfalt ab. Mit den 3 Motoren pro Antrieb stehen dem Kunden insgesamt über 200 Grundvarianten zur Verfügung. Die Belohnung für dieses Fahrzeug folgte am 12. Januar 2001 in Brüssel, als der TRANSIT mit überwältigendem Vorsprung den Titel des „International Van of the Year 2001" erhielt.

Die WF Chemetall Langelsheim fertigte dieses TroLF 1000 in Eigenleistung. 4 Pulverlöschanlagen a 250 kg von Total verlastete die Feuerwehr 1990 auf den Transit.

Die Landesfeuerwehrschule Geretsried (Bayern) gab dieses MZF auf Ford Transit FT 330 bei der Firma Pütting in Auftrag. Das 2001 produzierte Fahrzeug wird in Kürze ausgeliefert.

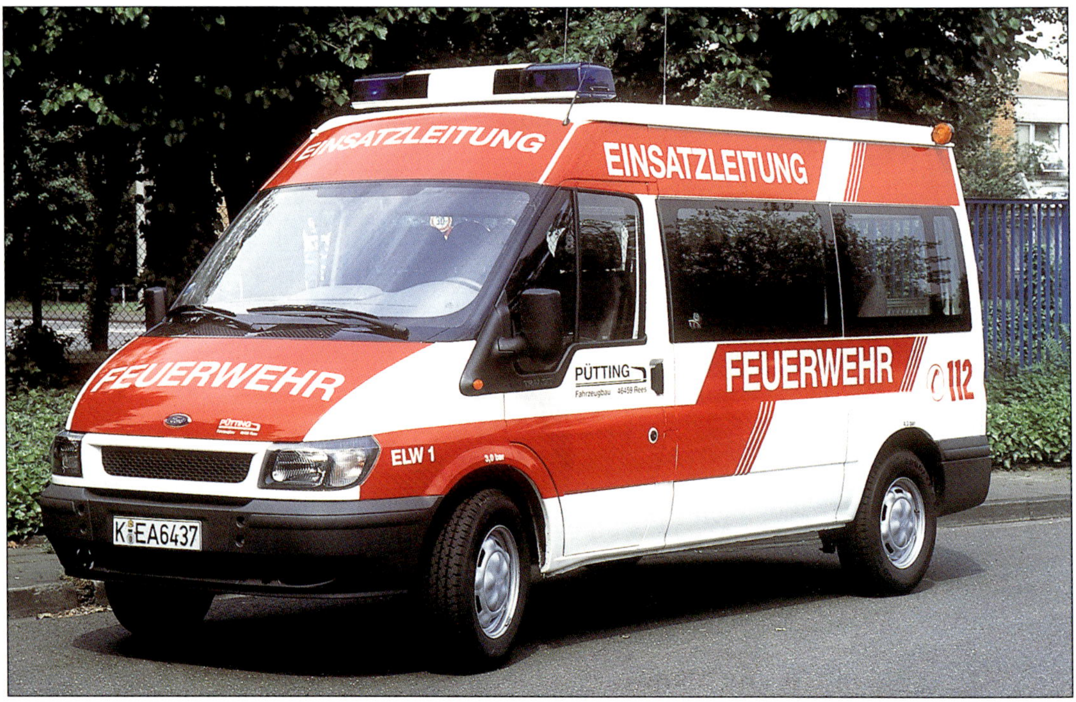

Dieser Ford Transit FT 330 stammt noch aus der 0-Serie. Es ist damit das erste Feuerwehrfahrzeug der aktuellen Transit-Produktion. Die Fa. Pütting fertigte 2000 diesen ELW. Das Design entstand im übrigen mittels roter Klebefolie.

Auf einem Ford Transit 350 M baute Pütting 2001 dieses TSF als Vorführfahrzeug auf. Es ist das erste TSF, das auf Basis der neuen Transit-Reihe realisiert wurde.
Foto: Jochen Thorns

Bezeichnung	Zul. GG	Antriebsart	Motor	Leistung	Radstände in mm
FT 260	2600 kg	Frontantrieb	2,0 l Diesel	55, 63, 74 kW	2933, 3300, 3750
FT 280	2800 kg	Frontantrieb	2,0 l Diesel	55, 63, 74 kW	2933, 3300, 3750
FT 300	3000 kg	Frontantrieb	2,0 l Diesel	55, 63, 74 kW	2933, 3300, 3750
FT 330	3300 kg	Heckantrieb	2,4 l Diesel	55, 66, 88 kW	2933, 3300, 3750
FT 350	3500 kg	Heckantrieb	2,4 l Diesel	55, 66, 88 kW	2933, 3300, 3750

Sachregister

aller bisher erschienenen Jahrbücher 1996 bis 2001

Weitere empfehlenswerte Literatur über Feuerwehrfahrzeuge

Fordern Sie kostenlos und völlig unverbindlich unseren neuen Prospekt an mit Büchern über:

- Feuerwehrfahrzeuge
- Motorräder
- Autos
- Traktoren
- Lastwagen
- Baumaschinen

Podszun-Verlag GmbH
Postfach 1525
D-59918 Brilon
Fax 02961 / 2508
Telefon 02961 / 53213
Email
verlag.podszun@t-online.de

118 Seiten, 270 Abbildungen
21 x 28 cm, fester Einband
EUR 19,90

126 Seiten, 150 Abbildungen
21 x 28 cm, fester Einband
EUR 24,90

180 Seiten, 500 Abbildungen
21 x 28 cm, fester Einband
EUR 34,90

220 Seiten, 380 Abbildungen
21 x 28 cm, fester Einband
EUR 34,90

342 Seiten, 800 Abbildungen
21 x 28 cm, fester Einband
EUR 44,90

144 Seiten, 180 Abbildungen
21 x 28 cm, fester Einband
EUR 19,90

208 Seiten, 380 Abbildungen
21 x 28 cm, fester Einband
EUR 34,90

160 Seiten, 370 Abbildungen
21 x 28 cm, fester Einband
EUR 24,90

200 Seiten, 380 Abbildungen
21 x 28 cm, fester Einband
EUR 34,90

röhm
1-38
WERKFEUERWEHR
MAN